AIリスク・マネジメント

信頼できる**機械学習**ソフトウェアへの工学的方法論

中島 震 著

丸善出版

ま え が き

DX の時代と AI　21 世紀最初の 20 年が過ぎた頃，新型コロナウィルス (COVID-19) のパンデミックが私たちの生活に大きな変化をもたらしました．人と人の接触機会を減らそうと，通勤や通学を避ける工夫として，企業ではテレワーク，大学では遠隔授業が始まります．この新しい生活スタイルは，インターネットと遠隔会議サービスに支えられました．インターネットはすでに整備されていましたが，遠隔会議サービスは便利と理解していても積極的に使うものではありませんでした．その利用が COVID-19 とともに一気に広まったのです．合わせて，仕事や教育のあらゆる場面で，ネットワークとソフトウェア技術を活用するデジタル化 (DX) が急速に進んでいます．地道に培われてきた技術が社会の必要性に出会ったといえるでしょう．

　1980 年代から 1990 年代にかけて，北米や欧州でネットワークとソフトウェア技術を基本としたデジタル・イノベーションが生まれました．その波は，21 世紀，日本に到達します[1]．GAFA と総称されるプラットフォーマーのインターネット上のビジネスです．とりわけ関心を集めたのは，一般ユーザーが SNS などで生み出すデータを活用する新しいビジネスでした．そして，大量のデータから価値ある情報を導き出すビッグデータ・アナリティックスや機械学習の重要性が強く認識されました．

　機械学習は AI（人工知能）の一分野です．AI は知的なコンピュータプログラム構築に関わる科学と工学として 1950 年代に拓かれました．機械学習は大量のデータに隠されたパターンを自動的に導き出す技術です．これまでに，画像認識，自然言語処理など，「知的にみえる」アプリケーション機能を実現できることがわかっています．一体，何ができるのだろうか，どのように私たちの生活を

---

1) 小川紘一，まえがき，デジタル・プラットフォーム解体新書，高梨千賀子，福本勲，中島震（編著），pp.i-xii，近代科学社 2019.

変えるのだろうか．機械学習への期待が膨らみます．一方で，人間社会に悪い影響を与えないと保証できるのだろうか，禍を避けるようにあらかじめ対策を講じておけるのだろうか．これらは AI 倫理の問題[2]として議論されています．また，AI 倫理の側面からの要件を，機械学習を利用したソフトウェアシステムとして実現する工学的な方法の確立が必要です．欧州を中心に，学際的な議論が活発化しています．

不安とトラスト　COVID-19 は私たちの社会に不安をもたらしました．形も色も香りもない，見えない他者が私たちに襲いかかります．1980 年に公開された映画「復活の日」の映像[3]を目にするかの如くです．AI の技術を活用したソフトウェアもコロナウィルスと同じように見たり触ったりできません．便益 (benefit) か危害 (harm) かが事後的にわかるだけで，私たちの世界への効果が現れて初めて，AI がもたらす効果を実感できます．AI は得体の知れない他者かもしれません．

　COVID-19 のパンデミックに際して，あるいは，その約 10 年前，東日本大震災時の原発事故に際して，リスクコミュニケーションやトラスト (Trust)[4]の重要性が指摘されました．未知のものは不確かさが大きく，確定的な情報を伝えることができないかもしれません．蓄積された科学的な知見に基づく情報を正確に伝えること，情報を発信する側へのトラストが前提となります．

　同時に，私たちが「科学リテラシー」を身につけることが大切です．「科学的」とは絶対の真実を意味するわけではありません．天動説が地動説に置き換わったように，科学はエビデンスに応じて，それまでの仮説や知見を修正し続ける営みです．目新しさのみを優先するのは科学的ではありません．政治的な利益を優先したり，私たちを特定の考え方に誘導したりするポスト真実 (Post Truth)[5]に気をつけなければいけません．

　AI は半世紀以上の研究の歴史がある一方で，社会の中で利用する，社会実装という面では，21 世紀の新しいソフトウェア技術です．ビジョンや AI 倫理の議論が，工学的な技術の展開と同時に進められていることからも，未知の部分，不確かさの幅が大きいことがわかります．不確かさが大きいことから，ポスト真実が入り込みやすいように感じられます．

　さて，私たちは DX 時代の AI，機械学習の効用に着目し，積極的に社会に受

2) M. クーケルバーグ，直江清隆（訳者代表）：AI の倫理学，丸善出版 2020.
3) 深作欣二（監督）：復活の日，小松左京（原作），角川春樹事務所・TBS 1980.
4) 影浦峡：信頼の条件，岩波書店 2013.
5) L. マッキンタイア，大橋完太郎（監訳）：ポストトゥルース，人文書院 2020.

け入れてよいのでしょうか．「適切な規制をもってしても破壊的な事故を避けられないシステムは作ってはいけない」といわれています[6]．機械学習は「当たり前の事故」につながるシステムを含むかもしれません．受け入れるかの判断に際して，機械学習をトラストする条件は何なのでしょうか．

ITリスクからAIリスクへ　1980年頃，コンピュータシステムが社会基盤を支えるようになり，その不具合の重大さが問題になりました．その後，コンピュータ関連リスクからITリスクと呼び方は変わり，ソフトウェアシステムがもたらすリスク（危害）を低減する技術の研究開発が進められてきました．機械学習システムはソフトウェアですから，ソフトウェア工学の知見が有用です．そこで，前著[7]は，ソフトウェア工学の観点から，機械学習ソフトウェアの特徴を考察し，ソフトウェアテスティングの方法を応用する技術を中心に解説しました．

　機械学習のリスク，AIリスクは従来のITリスクよりも複雑です．AI倫理についての観点，そこから導かれる要件を工学的な課題に展開する方法，従来のソフトウェア品質向上と共通する課題，リスク低減へのソフトウェア工学の技術などから，その全体を通して整理する必要があります．そして，各々の観点で考えるべきリスクの性質を明らかにすることが期待されます．本書は，機械学習のリスクマネジメントについて，ソフトウェアやAI倫理との関係を含めて整理し，前著と合わせることで，全体像を描くものです．本書の構成は以下の通りです．

第1章　社会の新しいリスク
第2章　ITリスクとソフトウェア品質
第3章　機械学習ソフトウェアの特徴
第4章　倫理的なAI
第5章　AIエコシステム

第1章ではAIがもたらす新しいリスクの例を紹介します．第2章は従来のITリスクへの取組みを概観します．第3章はソフトウェア技術からみた機械学習の特徴を紹介し，第4章でリスク低減の考え方を解説します．第5章はAIが社会にもたらすリスクならびにAIイノベーションを阻害するリスクという2つの方向から整理します．

　なお，本書では，文脈によって，AI・機械学習・深層ニューラルネットワー

---

6) Charles Perrow: Fukushima and the inevitability of accidents, *Bulletin of the Atomic Scientists*, 2011.
7) 中島震：ソフトウェア工学から学ぶ機械学習の品質問題，丸善出版 2020.

クといった用語を使います．AI は機械学習を含みますし，機械学習は深層ニューラルネットワークを含みます．AI 一般を話題にしているのか，AI の中で機械学習のことを論じているのか，特に深層ニューラルネットワークの機械学習に関わることなのかで，用語を使い分けています．

謝辞　本書は，これまでの研究や多くの方々との議論から得た知見を整理したものです．すべての方々のお名前を挙げることはできませんが，トラストという切り口で機械学習のリスクマネジメントの問題を整理するという方針は，科学技術振興機構 研究開発戦略センター 福島俊一氏との会話に触発されました．新エネルギー・産業技術総合開発機構 (NEDO) のプロジェクトとして産業技術総合研究所 デジタルアーキテクチャ研究センターが実施している「AI 品質マネジメント検討委員会」委員の皆様，東京大学未来ビジョン研究センター 小川紘一先生が主査の「第 3 次経済革命研究会」の皆様との議論が参考になりました．ここに感謝いたします．

2022 年秋　隅田川の畔にて

中島　震

目　　　次

第1章 社会の新しいリスク

　未知の技術は，新しい可能性への期待を高めると同時に，これまでなかった危うさを社会にもたらすかもしれません．

1.1 AI の 光 と 陰

　最近の AI はデータ利活用を中心とするソフトウェア技術です．期待と危うさの両面からいくつかの例をみていきます．

1.1.1 データ利活用の時代

データのパワー

　人工知能 (Artificial Intelligence, AI) の登場は 1950 年代に遡ります．「知的なコンピュータ・プログラム構築に関する科学と工学」の確立を目指しました．AI 研究の流れの中で，「AI とは」という問いへの答が数多く出されました[1]．ここ数年，注目を集めている機械学習[2][3]は AI の一分野で，膨大なデータから有用な情報を引き出す技術です．このデータ利活用という側面を重視し，「AI は，データ，アルゴリズム，計算パワーを組み合わせたテクノロジーの集成」といわれています[4]．

広がる応用　膨大なデータを扱う機械学習は統計的な方法と共通点があり，私

1) Patric H. Winston and Richard H. Brown (eds.): *Artificial Intelligence: An MIT Perspective*, The MIT Press 1979.
2) Christopher M. Bishop: *Pattern Recognition and Machine Learning*, Springer-Verlag 2006.
3) Ian Goodfellow, Yoshua Bengio, and Aaron Courville: *Deep Learning*, The MIT Press 2016.
4) European Commission: On Artificial Intelligence - A European Approach to Excellence and Trust, 2020.

たちの日常生活に関わる多様な分野の実用的なシステムで利用されてきました[5]．実際，裁判 (Justice)・医療 (Medicine)・自動車 (Cars)・犯罪捜査や防犯 (Crime)・芸術 (Art) などの分野で，問題解決の知的な方法として使われています．さまざまな応用がありますが，入力されたデータの集まりから，順序を決める (Prioritization)，分類する (Classification)，つながりを見つける (Association)，選び出す (Filtering) といった基本的な機能に大別できます．たとえば，インターネット検索システムは Web ページを順序付けして出力しますし，医療画像診断システムはガン細胞か正常細胞かを分類します．

　この知的な振舞いのからくりは，膨大な量のデータ（ビッグデータ）から有用な情報を抽出し統計分析することにあります．データから有用な情報を抽出する過程を「帰納的な学習」と呼び，抽出した情報をモデルとかアルゴリズムと呼ぶ習慣があります．モデルは分析データをもとに一般化・抽象化した結果を，また，アルゴリズムは入力データを処理する手順を表します．多くの場合，モデルあるいはアルゴリズムの効果は，人間が行った場合に比べて，良い結果を得るかで判断します．たとえば，画像分類の精度です．顔認識であれば人間による判断と比較して人違いの確率が小さいか，自動運転であれば人間の運転者よりも事故の頻度が小さいかです．人の知的な作業との比較になることから，多くの場合，客観的な基準あるいは絶対的な基準ではありません．

　なお，統計学に「ゴミを入れたらゴミしか出てこない (Garbage in, garbage out)」という格言があります．まさにこの通りで，学習の際に用いたデータの良し悪しが，モデルやアルゴリズムの性能や有用さに影響します．

素朴な心配

　先に述べた 5 つの分野の中でも，特に裁判や犯罪捜査では，人違いが深刻な問題になりそうです．顔認識精度の悪さが理由で逮捕されたらたまりません．それこそ人権問題です．そもそも，公共の場で，遠隔カメラを用いたリアルタイム顔認識システムを運用することは，プライバシー権を侵害しないでしょうか．あるいは，SNS などインターネットサービスに入力したパーソナルデータが，どこかでビッグデータの一部としてモデル構築に使われ，本人のコントロールが及ばないところで悪用されるかもしれません．

　このような問題が生じたとき，責任の所在は何処にあるのでしょうか．たとえ

5) Hannah Fry: *HELLO WORLD: How to be Human in the Age of the Machine*, Black Swan 2019.

ば，顔認識システムの人違いによって誤認逮捕されたとしましょう．目撃者が人違いをした場合と似ていることから，不適切な分類結果を出力した顔認識システムが悪いのでしょうか．顔認識システムが人違いした理由を説明できるでしょうか．顔認識システムの設置・運用者の責任でしょうか，顔認識システムの開発者の責任でしょうか，あるいは，逮捕した警察官の責任でしょうか．どのような責任分担になるのでしょうか．

1.1.2　増幅される危うさ

　機械学習技術の発展は常に明るい未来をもたらすわけではありません．社会的な正義に反する状況が生じます．問われるべきは技術の使い方，技術の悪用かもしれません．データに大きく依存するという機械学習の特徴が原因のこともあれば，機械学習の技術が発展途上という点が原因のこともあります．理由はさまざまですが，機械学習の出力を無反省に受け入れることは避けるべきでしょう．

人騒がせな AI

　人を騙す，あるいは，人に誤解を与えるような AI があり，要注意です．

ディープフェイク　2017 年頃からディープフェイク (DeepFake) と総称される機械学習応用が出現しました．フェイクと呼ばれることからわかるように，真実と異なるデータを生成します．たとえば，政治家の公開画像データをタネにして不適切な発言を繰り返すビデオを合成した例がインターネット上に突然現れました．一般に，政治的な話題に関わるフェイクニュースは，現実世界に大きな影響を及ぼす可能性があり極めて危険です．ディープフェイクは，このような危うさを増幅します．

　ディープフェイクは生成モデル (Generative Models) と呼ばれる機械学習技術[6]の応用です．データの集まりを入力し，そのデータ分布を推定して生成モデルを学習します．この生成モデルは学習したデータ分布にしたがう新しいデータを合成します．合成したデータは元の入力データが持つ特徴を再現しています．特定の人物の画像を学習データとして訓練した生成モデルは，その人物らしい画像を合成するのです．ある人の音声データから求めた生成モデルは，その人物らしい語り口を合成します．当然ですが，生成モデルの技術そのものは，人を欺く

---

6) Ian Goodfellow, Yoshua Bengio, and Aaron Courville: Ch.20, *Deep Learning*, The MIT Press 2016.

ことを目的としていません．ディープフェイクは技術の悪用です．

生成モデルの危うい応用　意図的な悪用でなくても，生成モデルは注意が必要な技術です．デジタルヒューマンやアバターと呼ばれる話題と関連しますが，たとえば，往年の名歌手を蘇らせることができます．過去のコンサート画像を集めて生成モデルを学習すればよいのです．懐かしい歌手が現れ，二度と聴くことができない歌声や姿が見られるでしょう．本人らしい節回しで新曲を歌ってくれるかもしれません．ファンには嬉しいことですが，手放しに喜ぶことはできません．本人の肖像権や著作権はどうなるのでしょうか．権利の問題をクリアしたとしましょう．熱狂的なファンも，似て非なる人工的な歌い手に，心理的な忌避感を持つかもしれません．聴衆の私たちが倫理的な蟠りを感じるかもしれません．酷いことに，未発表の新曲だ，と詐欺まがいの事件につながる可能性もあり，社会的な問題になりかねません．

このように，生成モデルの応用には，ディープフェイクや詐欺事件のような悪用だけではなく，社会的な受容性あるいは倫理的な問題があります．特に，私たちの心理面に影響を与えやすい使い方は注意すべきです．機械学習の技術を使っていることを明示すべきといわれています．

偏りの混入

プロファイリング (Profiling) あるいはソーシャルスコアリング (Social Scoring) に関係した話題をみていきましょう．これらの応用は私たちの生活の中に，さまざまな形で現れます．ここでは，就職活動を例として，機械学習がもたらす危うさを考えます．

結果の公平さ　最近，就職活動の大変さが話題になっています．採用予定枠の数百倍の応募が集まる人気企業があります．人事担当者が応募書類を精査して，書類審査の合否を決める際には，さまざまな要素を勘案するでしょう．応募者の能力，業務とのマッチングの良し悪し，入社以降の将来の予測など．この予測では，活躍が期待できるかだけではなく，離職する可能性なども知りたいかもしれません．膨大な応募者情報を多面的に評価する必要があり，応募者の人物像を浮かび上がらせるプロファイリングに機械学習を応用したくなります．

プロファイリングの方法は，過去の応募者情報からなる学習データから訓練した機械学習モデルで実現されます．これを，「プロファイリングのアルゴリズム」ということにします．このとき，応募者の特定の機微属性 (Sensitive Attributes) が理由となって判断結果に偏りが生じてはなりません．特定の人物グ

ループに不利益をもたらすようなアルゴリズムは公平性を損ないます.

　プロファイリングの問題は，犯罪につながるような悪質さはないですが，公平性という観点で倫理的な問題を含みます. 使い方が問題だった生成モデルの場合と違って，プロファイリングのアルゴリズム自体が偏りのある結果を出力するという点です. つまり，機械学習の技術的な機構あるいはアルゴリズム開発者の設計上の選択肢が，倫理的な問題と直接的に関わることを示唆します. 公平性を保証する方法や判断理由を説明する方法の基礎的な技術の研究が進んでいるものの，未だ難しい問題を抱えており，実用レベルに達していません. アルゴリズムの結果を使う自動的な意思決定は危うさをもたらすといえます.

実世界の縮図　日常利用するアプリケーションは文書テキストを扱うことが多いです. 就職応募書類の分析は文書解析が基本でした. 機械学習で用いるニューラル言語モデル (Neural Language Model) はテキストの集まりからなる大規模コーパス (Corpus) を訓練データとして学習した結果です[7]. このニューラル言語モデルを利用して，テキスト文書の要約システムとか，自然言語インタフェースの Q&A システムを構築します.

　素朴に考えると，ニューラル言語モデルは学習したコーパスの別表現ですから，コーパスの内容に依存します. 今，就職応募書類の分析に使うとしましょう. 学習に用いたコーパス中に数学教師という単語と男性的な名前が関連付けられているテキストが多数あれば，男性の実績が多いとなります. 女性の数学教師志望者にとって不利な応募結果になるかもしれません.

　ニューラル言語モデルはコーパスの情報を反映しているからこそ，テキスト文書を扱うアプリケーションで利用できます. 素材となったコーパスが社会的な正義に反する内容，特定の人物グループに不利益を与える偏り，あるいは，プライバシーに関わる情報を含むと，公平性やプライバシーへの脅威が生じます[8][9]. 目的にあった適切なコーパス選定が大切[10]であり，ニューラル言語モデル開発

7) Ian Goodfellow, Yoshua Bengio, and Aaron Courville: Ch.12: *Deep Learning*, The MIT Press 2016.
8) Moin Nadeem, Anna Bethke, and Siva Reddy: StereoSet: Measuring Stereotypical Bias in Pretrained Language Models. arXiv:2004.09456, 2020.
9) Nicolas Carlini, Florian Tramer, Eric Wallace, Matthew Jagielski, Ariel Herbert-Voss, Katherine Lee, Adam Roberts, Tom Brown, Dawn Song, Ulfar Erlingson, Alina Oprea, and Coloin Raffel: Extracting Training Data from Large Language Models, arXiv:2012.07805v2, 2021.
10) Hannah Brown, Katherine Lee: Fatemehsadat Mireshghallash, Reza Shokri, and Florian Tramer: What Does it Means for a Language Model to Preserve Privacy?, arXiv:2202.05520v2, 2022.

者の技術者倫理が問われる問題です.

ケンブリッジアナリティカ社の事件

　機械学習は次から次へと新しいビジネスを生みました. 斬新なアイデアとこれを支える技術があっても, 社会的に受け入れられないビジネスもあります. 例として, 2016 年に起きたケンブリッジアナリティカ社の事例を紹介します. 同社は, 2018 年 5 月に破産手続きを申請し業務を停止しました. 不正を否定したものの顧客離れが止まらなかったことが理由です.

選挙キャンペーン　2016 年にアメリカ大統領の選挙キャンペーンに, 選挙コンサルタント会社ケンブリッジアナリティカ (CA) が, フェイスブックから得た情報を利用した事件です[11]. 広告を個人向けにカスタマイズするマイクロターゲティングの手法で, 投票行動に影響を与えるメッセージを, 特定の政治的な立場の有権者に送るものでした. 実際に投票行動にどのくらい影響を与えたかは確認されてはいません. 5000 万名を超えるユーザーの情報がフェイスブックから外部流出したことが大きく取り上げられました.

　2010 年頃, フェイスブックの利用者が秘匿したい機微情報や心理的な属性を「いいね」情報から推定できることが実験ツール myPrivacy で確認されました[12]. 2014 年, Global Science Research 社 (GSR) はフェイスブック上のアプリ thisisyourdigitallife を開発します. 学術研究目的であるとして情報提供の同意を得た上, フェイスブック利用者に少額の報酬を引き換えにして, パーソナリティや政治的な立場のアンケートをとるものです.

　ところが, thisisyourdigitallife はアンケート結果だけではなく, 回答者の「いいね」情報ならびに「友人」情報も収集しました. アンケート回答者は 27 万名ですが, 全体では 5000 万名分の「いいね」情報を集めたそうです. 次に, 既存の方法[13]を応用して, アンケート回答を教師データとして学習に用い, 膨大な数の人々の政治的な立場を推測しました. そして, GSR 社は得られた情報を自身の顧客である CA 社に提供し, CA 社は有権者の情報をもとに個人向けの選挙

---

11) Hannah Fry: Ch.2, *HELLO WORLD: How to be Human in the Age of the Machine*, Black Swan 2019.

12) Michal Kosinski, David Stillwell, and Thore Graepel: Private traits and attributes are predictable from digital records of human behavior, *PNAS* 110(15), pp.5802-5805, 2013.

13) Wu Youyou, Michal Kosinski, and David Stillwell: Computer-based personality judgements are more accurate than those made by humans, *PNAS* 112(4), pp.1036-1040, 2015.

キャンペーンを行いました.

パーソナルデータ保護　GSR 社の方法は, 当時のフェイスブックが外部アプリに利用許可していた「友人」情報の収集機能を活用したものです. また, 「いいね」は, 初期設定で「公開」に設定されていたので, 簡単に読み取れました. ここで, フェイスブック・ユーザーは, 情報提供の同意をオプトアウトで行っており, 明示的に拒否しない限り, 情報提供に同意したことになっているので, GSR 社が行った情報収集そのものは違反行為とは考えられていません. 問題視されたのは, 海外へのデータ転送 (アメリカから英国へ) です. その後, フェイスブック社は, 「友人」情報収集の禁止やプライバシーポリシーを変更して「いいね」の非公開化などを行いました.

この事件の裏にある技術は「いいね」のような単純なデータから機微情報や心理的な属性を推定でき, プロファイリングが可能なことです. ケンブリッジアナリティカの事件は, 推定結果を用いたマイクロターゲティングによって行動操作, 一種のマインドコントロールができることを世間に知らしめたのでした.

世の中には, 同様な「いいね」情報を公開しているインターネットサービスが数多く存在しています. 利用者としては, 不用意な情報提示を避ける習慣を身につける必要があるでしょう.

奇妙な動作振舞い

画像分類や画像認識は機械学習の代表的な成功分野です. 手書き数字や動物画像の分類タスクとか, 道路画像からの交通標識や自動車の認識タスクなど, さまざまな応用サービスが考えられます. パターン認識 (Pattern Recognition) と総称される技術分野で, 深層ニューラルネットワークの強力さを示した応用です. 人による目視に比べて劣ることのない正解率を達成可能なことが示されました.

一方, 私たちの直感に反する認識結果が生じることもあります. 想定範囲の入力画像に対しては良い性能・正解率を示すにも関わらず, 期待と異なる認識結果・誤予測を導く入力画像を人為的に作ることができるのです. この不正な画像が実行時に入力されると, 画像認識システムが暴走して誤認識したかのように見えます. 先の例とは異なる種類の機械学習の危うさ, 奇妙な振舞いです.

敵対攪乱　敵対データ (Adversarial Examples) は, 目視の結果が直感的に正しいとするとき, この基準に対して誤分類を誘発するものです. 敵対データの研究初期の事例として, 分類学習の機械学習コンポーネントの振舞いを調べた実験があります. 1000 の分類カテゴリーからなる動物などのカラー画像データセット

を訓練データとして学習しました．これに目視ではパンダに見える画像に微小な擾乱を加えたデータを入力すると，手長ザルと誤分類しました．それも 99% 以上の確率で手長ザルであると結論したのです．この画像分類コンポーネントは入力画像が手長ザルであると確信しているのです[14)15)]．

　入力データは，画像分類コンポーネントが誤分類するように工夫した擾乱を加えた画像で，敵対データと呼ばれています．この問題は多くの研究者の関心を集め，敵対的な擾乱を加えることで誤分類が生じる理由や防御法の研究が続けられました．敵対データを完全に回避する方法は，未だわかっていません[16)]．

画像の埋め込み　次の奇妙な例は，オブジェクト移植 (Object Transplanting) と呼ばれ，ひとつの画像に複数の検知対象が写っている問題を扱います[17)]．検知に成功した画像から一部（ゾウ）を抜き出し，他の画像（居間）の適当な箇所に埋め込みます (Implant)．作成した移植済み画像を，同じ画像検知コンポーネントに入力したところ，奇妙な振舞いを示しました．

　移植対象（ゾウ）の埋め込み位置によって，画像検知の結果が異なりました．ゾウが検知されたり，されなかったりです．移植先の画像にあった物体が消えたりもしました．居間にゾウが居るといった訓練データになかった組合せ画像を正しく検知できないのです．

　この居間のゾウ問題と似た現象は，自動運転車に搭載する路上物体検知コンポーネントでも報告されています[18)]．センサーから得られる 3 次元物体形状を入力し，視覚範囲内の自動車や歩行者を検知するコンポーネントです．視覚範囲の外側に，少数の小さな物体（飛び回る虫）のように見える信号を追加したところ，この信号がないときには検知できた歩行者を認識できなくなりました．居間のゾウ問題と同様に，画像への追加（ゾウや虫）によって，存在するはずの物体が検知結果から消えたのです．

落書き　他にも奇妙な振舞いの例があります．落書きした交通標識や道路面などを撮影して画像認識する際に，誤認識が誘発されることを示した実験結果が報

14) Ian Goodfellow, Jonathon Shlens, and Christian Szegedy: Explaining and Harnessing Adversarial Examples, arXiv:1412.6572v3, 2015.
15) Ian Goodfellow, Yoshua Bengio, and Aaron Courville: Ch.7, *Deep Learning*, The MIT Press 2016.
16) 中島震：第 6 章，ソフトウェア工学から学ぶ機械学習の本質的問題，丸善出版 2020.
17) Amir Rosenfeld, Richard Zemel, and John K, Tsotsos: The Elephant in the Room, arXiv:1808.03305, 2018.
18) Zhi Quan Zhou and Liqun Sun: Metamorphic Testing of Driverless Cars, *Comm. ACM* 62(3), pp.61-67, 2019.

告されました[19]．停止標識 (STOP) に黒いペンキの落書きのような矩形を加え
て撮影した画像を入力すると，速度制限 (SPEED LIMIT) に誤分類されました．
自動運転車が，停止すべき箇所を通過することになり，交通事故の原因になるか
もしれません．

　自動運転車は道路の動線を画像認識してハンドルを調整します．道路上に描か
れた車線境界線を利用して動線認識する方法の実験で，路面の進行方向に対して
斜めに白い破線を道路上にペイントしました[20]．すると，動線認識コンポーネ
ントは，この白い破線に誘導されて，対向車線に侵入するようにステアリング角
度を計算したのです．正面衝突の事故が起きるかもしれません．

分布からの逸脱　以上の奇妙な振舞いには共通する点があります．それは，訓練
に用いた学習データとは異なる特性を持つ画像を入力したことです．最初の敵対
データは微小な擾乱を加えた画像，2つめは検出に成功した対象を切り貼りした
画像，最後は余計な要素を加えた画像です．訓練に用いた画像データの集まりを
基準とすると，奇妙な振舞いを誘発するデータは，この基準から外れる「分布か
ら逸脱したデータ」です[21]．入力データが分布外かを判定できれば，奇妙な振
舞いを誘発する入力を検知して，処理しないようにすることができます．残念な
ことに，不正な画像かを事前に判定する方法は確立されておらず，分布外データ
(Out of Distribution) の排除は難しい問題になっています．

ITからAIへ：危うさの増大

　機械学習がもたらす危うさの例を見てきました．ディープフェイクなどに見ら
れる利用者倫理，アルゴリズムあるいは学習データを用いて機械学習コンポーネ
ントを開発する技術者倫理，奇妙な振舞いを誘発する分布外データへの考慮とい
った問題が原因です．社会との関わりが大きいこと，機械学習機構それ自体が複
雑なこと，データが機能振舞いを支配することが，従来のITシステムと大きく
異なります．AIシステム特有の危うさがもたらされました．

AIリスク　この危うさの問題はAIリスク[22]と呼ばれます．ここ数年，欧米を

---

19) Kevin Eykholt, Ivan Evtimov, Earlence Fernandes, Bo Li, Air Rahmari, Chaowei Xiao, Atul Prakash Tadayoshi Kohno, and Dawn Song: Robust Physical World Attacks on Deep Learning Visual Classification, arXiv:1707.08945v5, 2018.
20) Tencent Keen Security Laboratory, Experimental Security Research of Tesla Autopilot, 2019.
21) Yuchi Tian, Ziyuan Zhong, Vicente Ordonez, Gail Kaiser, and Baishakhi Ray: Testing DNN Image Classifiers for Confusion & Bias Errors, arXiv:1905.07831, 2020.
22) NIST AI Risk Management Framework: Initial Draft, March 2022.

中心に，AI リスクについて，社会受容性といった高次の観点から活発に議論されてきました[23)-27)]．ところが，概念や用語が統一されておらず，同じ言葉を抽象レベルの異なる概念に使うなど混乱が見られます．また，AI システムはソフトウェア技術の新しい展開ともいえますが，従来から論じられてきた IT リスクとの関係が明らかではありません．本書では，AI リスクの本質的な側面を理解することを目的として IT リスクの流れを振り返り，AI との関係を見ていきます．

1.2　リスクとトラスト

　新しい可能性を広げる技術，馴染みのない技術，危うさを伴う技術は，どのような過程を経て，社会に受け入れられるのでしょうか．

1.2.1　リスクと品質

製品の品質
　工業製品 (Products) の品質が良いか否かを考えます．大量生産される製品（部品）の例として，ネジを思い浮かべてください．ユーザーは大量のネジを購入して，製品組み立てに使います．たまたま手に取ったネジが太すぎたり，ネジ山のピッチが違っていたりしたら，そのネジは使えません．どのネジを選んでも，同じように使えることを暗黙に期待しています．

ばらつき　ネジは決められた規格にしたがって製造されています．手に取った 2 つのネジは区別できないでしょう．規格を基準としてばらつきがありません．利用者からすると，購入したネジのばらつきが大きいと使うことができず，品質が悪いと感じるでしょう．品質が良いとは個々のばらつきが小さく，どのネジでも

23) OECD: *Artificial Intelligence in Society*, OECD Publishing 2019.
24) EU High-Level Expert Group on Artificial Intelligence: Ethics Guidelines for Trustworthy AI, 2019.
25) ENISA: AI Cybersecurity Challenges, December 2020.
26) Proposal for a Regulation of The European Parliament and of the Council Laying Down Harmonised Rules on Artificial Intelligence (Artificial Intelligence ACT) and Amending Certain Union Legislative Acts, 2021.
27) UNESCO: Draft Text of the Recommendation on The Ethics of Artificial Intelligence, June 2021.

が規格にしたがっているのが確実なことです．ランダムに選んだときの予測性が高いともいえます．

　ネジの製造者の立場では，どれをとっても規格通りのネジで，ばらつきのないネジを確実に製造します．大量生産の場で徹底した品質管理 (Quality Control) を行い期待する水準を達成するのです．ユーザーは，品質管理に優れた製造者による製品であれば，安心して使えます．ユーザーは，このような製造者をトラスト (Trust) します．逆に，ばらつきの大きな製品は使いにくく品質が劣ることから，製品を購入しないでしょう．トラストが形成されません．

リスク　一般に，ばらつきが大きいと，不確かさ (Uncertainty) が大きくなります．この不確かさの度合いをリスク (Risks) と呼びます．品質の良いネジは規格からのばらつきが極めて小さいことから，ユーザーが安心して使うことができるという意味でリスクが小さく，このとき，ユーザーは製造者をトラストします．

　ネジなどの工業製品では，ばらつきが大きいことは品質の悪さであり，不確かさ（リスク）は低く抑えるべきです．他方，リスクは単に不確かさの度合いを表すだけであり，必ずしも避けるべきことではありません．実際，正のリスク (Positive Risk) とか負のリスク (Negative Risk) という言い方があります．負のリスクは避けるべきことであり，ネジのばらつきが大きいとは負のリスクが大きいということです．

正のリスク　では，正のリスクを，どのように考えればよいでしょうか．私たちの日常生活の場では，リスクというとき，先のネジのように，暗黙のうちに避けるべきこと，負のリスクを考えています．リスクを危うさ (Harm) と捉えています．前節でも AI がもたらす危うさを AI リスクの問題としました．

　リスクが，そもそも不確かさの度合いであるとすると，予測性が低いということであり，そこに良し悪しの価値判断を入れなくてもよいことがわかります．実際，ファイナンス (Finance) などの分野では，リスクは必ずしも避けるべきことではありません．単に不確かなだけで，その不確かさが，危険にもチャンスにもなり得ます[28]．「ハイリスク，ハイリターン (High Risk, High Return)」は，未来が不確かだからこそ大きなチャンスがあり得るということです．

　正のリスクの考え方を簡単な確率分布（図1.1）で確認しましょう．正規分布の平均を μ，分散を σ^2 とするとき，偏差 σ がばらつきを表します．ばらつきが大きければ σ の値が大きくなり，$\mu + \sigma$ の値が大きくなります．不確かさの度合

28) 手嶋 宣之：ファイナンス入門，ダイヤモンド社 2011.

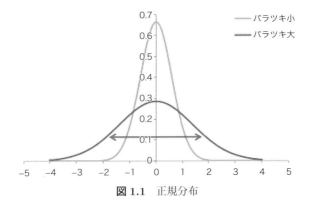

図 1.1　正規分布

いが大きいと，期待するリターン $\mu + \sigma$ が大きくなり，これはチャンスが広がる
ことです．一方，取り得る値の幅 ($[\mu - \sigma, \mu + \sigma]$) が大きくなるので，その区間
のどこに位置するかの予測性が低下します．つまり，ハイリスクとは，不確かさ
の度合いが大きいことです．日常の言葉ではリスクは危険と同じ意味で使うこと
が多いですが，リスクは必ずしも負の効果を指すものではありません．

AI リスクの 2 面性　一般に，IT リスクおよび AI リスクというときの「リスク」
は負の効果 (Negative Impacts) を指します．ネジのような工業製品と同様に，
不確かさ，あるいは予測性の低さは，利用者の期待通りにシステムが振る舞わ
ないという意味で危うさをもたらすからです．1.1.2 項では機械学習が私たちに
もたらす危うさ，敵対的な効果 (Adversarial Impacts) や起こりえる危険 (Po-
tential Harms) を例示しました．たとえば，NIST の AI-RMF[22) では，リスク
を「起こりえる状況やイベントによって負の影響を被る度合い」としています．

　AI はデータ利活用の時代の新しいソフトウェア技術として，世界中で研究開
発が進められています．負の効果があるという心配の一方で，これまでになかっ
た機能を実現し，私たちの生活を豊かにする技術として期待が大きいといえま
す．同時に，AI は奇妙な振舞いをすることもあり，未知の面が大きい発展途上
の技術です．新しいサービスを享受する機会が増すのか，敵対的な効果や負の効
果をもたらす危うさが許容範囲を越えるのかが不確かです．不確かさの度合いと
してのリスクが大きいといえます．

　このような不確かさの大きい AI を利用していこう，と私たちが考える理由
は何でしょうか．ネジの場合は品質管理を徹底している製造者をトラストしま
した．AI は高度なサービスを提供することから，その危うさの種類や原因は多

様です．利用する AI システム自体および AI システムの開発・運用に関わるステークホルダーをトラストできれば，社会的な受容性につながります．AI に関するトラストの問題を整理する必要があります．

1.2.2　トラストのモデル

素朴にトラストといいましたが，トラストとは何でしょうか．どのようなときにトラスト関係が生じるのかをみていきましょう．

関係性としてのトラスト

トラスト (Trust) は技術的な用語ではなく関係性を表す一般的な言葉です．トラストする側を主体 (Trustor)，トラストされる側を客体 (Trustee) と呼びます．トラストは主体と客体の関係です．

主体と客体が具体的に何を指し示すかは，議論の文脈によってさまざまです．AI を含むソフトウェアシステムの開発や利用の場で考えましょう．システム開発には多様なステークホルダー，開発者・保守運用者・利用者などが関わります．今，利用者を主体とするとき，利用者にとってはシステム自身が客体です．期待される品質をシステムが持てば，安心して利用することができ，利用者（主体）はシステム（客体）をトラストできます．一方，システム開発時の品質あるいは利用時の品質を保証するのは，開発を担当したベンダーだったり，サービス提供の事業者だったりします．トラストするベンダーやサービス事業者のシステムを利用するとも考えられます．客体はシステム自身だけでなく，さまざまなステークホルダーを含み，トラストは 1 対多の関係です（図 1.2）．

また，利用している過程で，より積極的に使ったり，逆に，使うのを止めたりするかもしれません．あるいは，当初の客体は開発ベンダーだったのが，運用に移行するとともに，サービス提供事業者に移ることもあります．これは，トラストの変化です．まずは，最初に持つトラスト (Initial Trust) に，何が影響するかを考えます．

一般に，新しい技術の導入は不確かさを増します．便益につながるチャンスでもあり，危うさを伴うこともあります．不確かさというリスクが大きいのです．では，新しい技術はどのようにして社会に受け入れられるのでしょうか．主体は個人や社会ですが，この社会受容性と関わるトラストの基本モデルは何でしょうか．

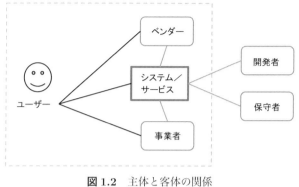

図1.2　主体と客体の関係

ABI のモデル

　個人・社会いずれであっても，トラストの主体は人間です．個人であれば心理学からの考察が有用でしょう．主体が社会であれば，人間のグループとしての考察が必要です．トラストに関して，哲学・心理学・経済学・経営学などから研究が進められてきました．新しい技術の社会受容性へのアプローチとして，組織行動論 (Institutional Behavior) によるトラスト理論[29]があります．

2者関係　この理論では，トラストは「リスクをとる意思 (A willingness to take risk)」と定義されます．不確かさをあえて許容することです．そして，主体がABI を知覚するとき，トラスト関係が成立し，主体はリスクをとって行動すると考えます．トラスト関係の前提は，客体がABI を持つと主体が納得することです．

　ABI は，能力 (Ability)・善良さ (Benevolence)・誠実さ (Integrity) の3つです．能力は，特定の領域で影響を駆使し得るスキル，コンピテンスのことです．善良さは，客体が主体の便益に貢献すると信じられる度合いを表します．誠実さは，主体の価値に沿って客体が原理原則を遵守することです．

　具体的には，客体が十分な能力を持てば，期待される効果を得ることができるでしょう．ところが，客体は提供側なので，限界あるいは期待に反する効果についての理解が深く，悪意があれば主体に不利な結果さえ導けるかもしれません．そこで主体を裏切らない，欺かない善良さが求められます．誠実さは，主体の期

---

29) Roger C. Mayer, James H. Davis, and F. David Schoorman: An Integrative Model of Organizational Trust, *The Academy of Management Review* 20(3), pp.709-734, 1995.

待に違わず，客体が着実に業務を遂行することです．逆に，客体が自己の都合や便益を優先して，情報を隠したり規則の解釈を変えたりすることは不誠実さのあらわれといえます．

　ABI の 3 つの観点は，抽象レベルが高く，具体性に乏しいですが，逆に一般性のある議論を展開できます．実際，この ABI のトラストモデルは，提案以来 10 年の間に，多くの分野の議論に影響を与えました[30]．マーケティングやファイナンスといった経営学の諸分野，政治学，心理学，倫理学に加えて，管理工学や情報システムにも応用されました．また，新しい情報システム利用の初期トラスト形成の分析事例が，ABI に基づくトラストモデルの具体的な応用として報告されています[31]．

信頼される AI　ABI の 3 つは，客体が人間の場合であれば理解しやすい特性です．十分な能力があり顧客の利益を考える善良なベンダーが誠実に開発したシステムは安心して使えます．利用者のベンダーへのトラストです．一方，客体がシステムの場合，主体である利用者が ABI を知覚できるような品質特性をシステムが満たすと考えます．システム開発時の品質マネジメントによって，ABI を知覚可能とし，その結果，システムへのトラストを得ます．

　AI システムが社会に受け入れられるには，どのような品質特性を持てば，人々が ABI を知覚するかを整理する必要があります．このような AI システムは，社会との間にトラスト関係が成り立ち，信頼される AI (Trustworthy AI)[24] と呼ばれます．

　以降，本書では，IT リスクの議論から整理された品質特性，機械学習の技術に特有な品質特性，社会受容性を高めるのに必須の品質特性について，順番に見ていきます．IT や AI といった技術の発展を顧みることで，品質特性が自ずから浮かび上がってきます．一方で，信頼される AI が持つべき品質特性が何であるかは，さまざまな議論があります．未だ確定していないことを，頭の片隅に置いて本書を読み進めて下さい．

---

30) F. David Schoorman, Roger C. Mayer, and James H. Davis: An Integrative Model of Organizational Trust: Past, Present, and Future, *The Academy of Management Review* 32(2), pp.344-354, 2007.
31) Xin Li, Traci J. Hess, and Joseph S. Valacich: Why do we trust new technology? A study of initial trust formation with organizational information systems, *J. Strategic Information Systems* 17, pp.39-71, 2008.

第 2 章　ITリスクと ソフトウェア品質

　IT リスクとソフトウェア品質の考え方の移り変わりをみていきます.

2.1　ITリスク

　IT リスクはコンピュータ関連リスクとして議論されました. ここでは, ソフトウェアに起因するリスクを中心にみていきましょう.

2.1.1　プログラムの品質

ソフトウェアとプログラム

　ソフトウェアとプログラムは同じではありません. 英語でソフトウェア (Software) は概念を表す不可算名詞で, コンピュータ上で作動する実体はプログラム (Programs) です. 多数のプログラムから構成されるシステムがソフトウェアシステム (Software Systems) です. ソフトウェア開発 (Software Development) は, ユーザー要求 (User Requirements) を満たすプログラムを構築し検査する一連の工程からなります[1]. この過程で設計仕様書などの中間的な開発生成物 (Artifacts) を作成し, 最終成果物がプログラムです.

　ユーザーからみると, 満足のいく品質を持つソフトウェアシステムとは, 期待通りの機能やサービスを提供し, 一貫したコンセプトにしたがい使いやすいものといえます. 前者はユーザー要求を満たしているか, 後者は明確なコンセプトデザイン (Concept Design) に基づくか[2]です. 一方で, 最終成果物のプログラムに欠陥があると, ソフトウェアシステムが不具合を生じます. 以下, プログラム

---

1) 中谷多哉子, 中島震：ソフトウェア工学, 放送大学教育振興会 2019.
2) Daniel Jackson: *The Essence of Software: Why Concepts Matter for Great Design*, Princeton University Press 2021.

品質を中心にみていきます.

欠陥と不具合　プログラムの品質はコンピュータ上で実行したときの振舞いから考えます.　具体的なデータを入力してプログラムを実行し, 期待通りの振舞いあるいは出力が得られないとき, 不具合 (Failure) の状況に至ります.　その理由は, 開発の上流工程で作成した機能仕様を満たさない, 異常終了するなどです.

　不具合の原因を欠陥 (Faults) といいます.　何らかの欠陥によってプログラムが期待する振舞いから逸脱するのがエラー (Errors) で, エラーが導く不適切な状況が不具合です.　エラーが生じても外部への影響がなく, 不具合に至らないこともあります.　ソフトウェア開発の検査工程では, エラーが生じないように欠陥を除去します.　ユーザーからはプログラムに不具合のないことが重要で, プログラムの信頼性 (Reliability) が問題になります.

確定的な欠陥　欠陥の根本原因 (Root Causes) は, 大量生産部品では製造時のばらつき, 多数の部品から構成される機械装置・製品では故障です.　製造時のばらつきは不良部品が生じる不良確率で表せます.　また, 装置の故障は経年劣化などによって間欠的に起こり, 故障確率で表せます.　欠陥発生頻度を確率でモデル化できる場合, 偶発的 (Accidental) といいます.　偶発的な故障による欠陥あるいは偶発的な欠陥です.

　プログラムは故障しないので, 偶発的な欠陥はありません.　プログラム中の欠陥箇所を実行すると, 必ずエラーが生じます.　これを, 偶発的な欠陥との対比で, 確定的な (Deterministic) 欠陥といいます.　ソフトウェア開発過程で混入したもので, 系統的な (Systematic) 欠陥とも呼ばれます.

　検査対象は実行したプログラムですが, この系統的な欠陥の根本原因は, プログラムの誤りとは限りません.　開発生成物（たとえば設計仕様書）に欠陥があり, その仕様を満たすプログラムを「適切に」作成したかもしれません.　プログラム設計仕様を満たしていても, ユーザー要求を満たせなければ不具合です.　これは, 仕様に欠陥がある場合です.　以下, 仕様の欠陥はないとします.

プログラムロバスト性　プログラムの不具合は, 機能仕様を満たさない場合と異常終了する場合に分けられます.　前者は, 機能仕様によって正解が何かを定めることができ, 実行結果が正解かを判断するテストオラクル (Test Oracle) を用いたテスティングにより検査の合否を判定します.

　後者は, クラッシュとか, メモリリークなど, コンピュータ上で規定されているプログラム実行モデルからの逸脱で, プログラムロバスト性 (Program Robustness) の壊れです.　テストオラクルが得られない場合を含み, ランダムテス

ティングやファジングといった方法[3]を使います.

プログラム品質とリスク

　プログラム品質を左右する根本原因は確定的な欠陥ですが,見方によっては,「ばらつきの問題」からプログラムの検査を考えることもできます.

プログラムのばらつき　ネジの場合,規格に対するばらつきの大きさが品質の基準でした.プログラムが期待される品質を持つとは,想定される入力に対して期待する振舞いを示すことです.何を入力するかで,プログラムの振舞いならびに出力が異なります.プログラムに確定的な欠陥があっても,ごく稀にしか当該箇所が実行されないかもしれません.また,多数のプログラムから構成されるソフトウェアシステム全体を考えると,不具合が生じる状況を厳密に把握することは難しいです.

　そこで,実行の集まりを統計的な考察の対象として,不具合が確率的に生じると見なせます.このとき,リスクは,期待通りに実行するか不具合に至るかが不確かなことです.つまり,プログラムの品質が良いとは,仕様を満たすことが確実にわかっていることで,不確かさ(リスク)がないことです.仕様を満たすことが求められているので,リスクは危険と同じことです.プログラムの品質では負のリスクを扱います.

IT リスク　ユーザーから見ると,ソフトウェアシステムの役割は,有用な結果を出力することで,まずは外界への副作用から考える必要があります[4].期待通りかは観測できるからこそわかるので,外界への副作用が悪いか否かが問題です.たとえ不具合を生じても,外界への悪い影響が小さければ,危険の程度が低いといえます.そこで,IT リスク (IT Risks) を次のように定義します[5].

$$[IT リスク] = [不具合の発生頻度] \times [影響の深刻度]$$

IT リスクは,不確かさではなく,外界が被る危険ですから,IT リスクは危険性のことです.これは,日常でのリスクという言葉の使い方と同じで,チャンスを意味することはありません.

---

3) 中島震:第3章, ソフトウェア工学から学ぶ機械学習の品質問題, 丸善出版 2020.
4) Michael Jackson: The Role of Formalism in Method, In *Proc. FM 1999*, p.56.
5) 向殿政男:コンピュータ安全と機能安全, *IEICE Fundamentals Review* 4(2), pp.129-135, 2010.

2.1.2　コンピュータ関連リスク

　ITリスクは，コンピュータシステムがもたらす危うさ，コンピュータ関連リスク (Computer-related Risks) として議論されていました．

ACMの提言

　コンピュータシステムの陰の側面が議論されはじめたのは1980年代の初頭でした．汎用大型コンピュータが登場し，ソフトウェア危機が叫ばれ，ソフトウェア工学が登場した1960年代から約20年の技術発展の中で，必ずしも，光の側面だけではないことが認識されました．

倫理上の問題　1982年，アメリカの計算機協会 (Association for Computing Machinery, ACM) で「複雑かつ大規模なシステムを構築できるようになったことが，逆に，そのシステムの信頼性を怪しくし，社会に大きなリスクをもたらす可能性が高まる」とし，問題を提起しました．技術的な責任 (Technical Responsibility) を越えた倫理 (Ethics) の問題です．なお，ここでのリスクはITリスクのことで危険性です．

　その2年後，アデル・ゴールドバーグ (Adele Goldberg) が，ACMの決議を紹介しました[6]．「コンピュータ・システムに誤りがないという神話とは反対に，現実には，不具合に陥る．その信頼性を担保することができない．不具合を完全に取り除くことは不可能だが，ある程度のレベルまで社会へのリスクを低減できると信じて」研究を進めようというものです．本書では，最近の言葉の使い方にならって，ITリスクと呼んでいますが，この頃は，コンピュータ関連リスクといいました．また，このリスクがないこと，危険をもたらさないことを，コンピュータ安全といいます．

リスクフォーラム　コンピュータ関連リスクの実際を知り，問題を共有し，同じ失敗を繰り返さないという目的から，1985年にピーター・ノイマン (Peter Neumann) がリスクフォーラム[7]を開始しました．コンピュータシステムの信頼性 (Reliability) が関心の中心です．当時の状況を振り返りましょう．

　1970年代，装置故障への対策として，システムアーキテクチャや基盤ソフト

---

6) Adele Goldberg: Beyond the issues of technical responsibility to the issues of ethics, *Comm. ACM* 27(11), pp.1079-1081, 1984.
7) Peter G. Neumann: Reflections on Computer-Related Risks, *Comm. ACM* 51(1), pp.78-80, 2008.

ウェアを対象とした耐故障コンピューティング (Fault Tolerant Computing) の研究開発が進められました．この頃，RAS という言葉が，商用メインフレームコンピュータの謳い文句に使われていました．装置の偶発的な故障に対するシステムの信頼性 (Reliability) を高めることで，いつでも (Availability)，期待する機能を提供 (Serviceability) するという意味です．

コンピュータシステムがネットワーク分散化するとともに，耐故障コンピューティングの解決すべき課題が複雑化しました．また「耐える (Tolerant)」という言葉は積極的なニュアンスを持たないので，ディペンダブルシステム (Dependable Systems) と呼ぶようになりました．対象はネットワーク化されたコンピュータシステムに広がりましたが，信頼性を中心とした技術であることには変わりありません．

リスクフォーラムの調査結果は，1995 年，アプリケーションソフトウェアやサービスを対象とした不具合事例集として整理されました[8]．1985 年からの 10 年間，最も大きな変化は，商用インターネットの登場でした．ロボットを含む組込みシステム，サイバーセキュリティ，プラバシーに関わる失敗事例を収録しています．そして，使用者への危害がないことを「人間の安全さ (Safe)」と呼びました．この安全さは IT リスクがないことです．なお，このような人間の安全さが要求されるシステムを「極めて高度な信頼性 (Extreme Reliability)」と呼びます．信頼・安全という言葉の使い方が混乱しています．

ディペンダブルシステムのソフトウェア

IT リスクの原因になるシステム属性が多様化するとともに，ディペンダビリティの捉え方が変化します．2007 年の米国アカデミーの報告書[9]は，その不具合が社会的な危険性をもたらす可能性のあるシステムをディペンダブルシステムと呼びました．また，ディペンダブルシステム実現の中核がソフトウェア技術に移っていることから，ディペンダブルシステムのソフトウェアあるいはソフトウェア・ディペンダビリティ (Software Dependability) が関心事になりました．

この報告書は，ディペンダビリティを具体的に定義していません．「期待通りに機能し，作動環境に敵対的なイベントの原因やそのようなイベントに関わらないこと」と表現されています．主張の中心は，ソフトウェア・ディペンダビリテ

---

8) Peter G. Neumann: *Computer Related Risks*, Addison-Wesley 1995.
9) Daniel Jackson, Martyn Thomas, and Lynette I. Millett (eds.): *Software for Dependable Systems: Sufficient Evidence?*, National Academies Press 2007.

ィの保証書 (Certificate) を与えることの重要さで，保証する手段の研究開発推
進ならびに，リスクフォーラムと同様に現状の情報収集・分析を進めることを提
言します．ディペンダビリティの属性を決めるのではなく，実際の状況に合わせ
て考えるという立場です．

信頼性と安全性　ディペンダブルシステムには，期待通りに機能し，外部に悪い
影響を及さない，という 2 つの側面があります．機能安全の分野では，前者を
信頼性，後者を安全性と整理します

- 信頼性 (Reliability) は，期待する振舞いを示すこと
- 安全性 (Safety) は，期待と異なる結果を外界に生じないこと

ソフトウェア開発の視点では，信頼性は，明示的に及び暗黙的に示された要求仕
様を出発点として作成された機能仕様を満たすことです．コンピュータ関連リ
スクを対象としていた頃と異なり，アプリケーションやサービスを実現するソフ
トウェアシステムの信頼性を論じます．安全性は，機能仕様を満たさない（信頼
性が満たされない）場合でも外界に悪影響を及ぼさないことで，例外的な状況で
の振舞いに関わります．信頼性と安全性は互いに関連するものの，システムの機
能・振舞いを異なる観点から論じます．この 2 つがソフトウェア・ディペンダ
ビリティの両輪です．

人工衛星打ち上げロケットの爆発　信頼性と安全性の違いを，欧州の人工衛星打
ち上げロケット（アリアン 5）の例で説明します．この爆発事故はプログラムが
原因となった不具合の事例として紹介される有名なものです[10]．

　1996 年 6 月 4 日朝，まずまずの天候のもと，カウントダウンが進み，ロケッ
トエンジンに点火されました．37 秒後，突然，予定していた軌道を外れ，打ち
上げを報道する TV 画面の向こう側でロケットが爆発しました．開発費用約 400
億円が失われたそうです．

　直ちに原因調査が進められ，軌道を外れた原因が特定されました．ロケットの
姿勢制御に関係する数値計算プログラムの欠陥が不具合の理由でした．より詳し
くは，すでにアリアン 4 で作動実績があり信頼性が確認済みの既存プログラム
を流用したのですが，装置仕様の違いを考慮しないままプログラムを使っていた
とわかりました．アリアン 5 の制御として期待される仕様を満たさないプログ
ラムであり，信頼性の問題があったといえます．一方，爆発は，民家への墜落な

10）中島震，みわよしこ：第 2 章，ソフト・エッジ，丸善出版 2013

どによる二次被害を避ける自爆装置が働いた結果です．信頼性が満たされない状況に至っても外界への深刻な影響を避ける目的で，安全性に関わる要求仕様として，自爆機能を当初から作り込んでいたのでした．

開発時の品質特性　P. ノイマンのコンピュータ関連リスクとソフトウェア・ディペンダビリティの違いをソフトウェア工学の観点で整理します．前者は，コンピュータシステムの信頼性からみた「コンピュータ安全」によって「人間の安全」を達成するという議論でした．後者では，信頼性と安全性はシステムが示す品質特性であって，要求仕様と関わる問題です．信頼性は要求仕様を忠実に満たすシステムを構築することです．安全性は外界に悪い影響を与えないような要求仕様を作成し，信頼性を満たすことで，その要求仕様が期待通りに実現されるとします．信頼性も安全性もシステム構築の過程で担保すべき品質特性です．

2.1.3　つながるコンピュータ

インターネットの発達とともに，つながる世界が実現し，新しいサービスが登場しました．遠く離れたコンピュータとの情報交換が容易になり，デジタル情報の共有・流通が可能になりました．情報が多ければ多いほど，便益が増え，情報の正の外部性という現象がみられます．一方，情報が多ければ多いほど，負の効果をもたらすこともあります．実際，サイバーセキュリティならびにプライバシーの問題として顕在化しました．

サイバースペースのトラスト

コンピュータネットワーク（インターネット）が一般化するとともに，IT リスクへの脅威となる新しい話題への関心が高まりました．そして，コンピュータシステムを形容する言葉として，「信頼される (Trustworthy)」が使われます．NSF の研究支援プログラムが継続して実施され，この分野の研究活動が活発化しました．

コンピュータセキュリティ　トラストという用語の登場は，National Research Council の答申[11]です．それ以前，1970 年代から，コンピュータシステムのセキュリティ (Security) の研究が進められていました[12]．情報フロー (Informa-

---

11) Fred. B. Schneider (ed.): *Trust in Cyberspace*, National Research Council, The National Academies Press 1999.
12) Matt Bishop: *Computer Security - Art and Science*, Addison Wesley 2003.

tion Flow) の観点からセキュリティを考え，CIA という 3 つの特性を論じます．機密性 (Confidentiality)・完全性 (Integrity)・可用性 (Availability) です．

　ユーザーあるいはコンピュータシステムといった主体に，システムが管理するデータへのアクセス権限が付与されているとします．このとき，機密性は権限のない主体に情報が漏れないこと，完全性は権限のない主体が情報を改変できないこと，可用性は主体が持つ権限にしたがって適切な情報にアクセスできることを指します．この情報フローの考え方では，CIA は達成すべきセキュリティ機能であり，セキュリティゴール (Security Goals) と呼ばれました．CIA 機能を高い信頼性で実現すればよいということです．

　インターネットの時代になり，金融・エネルギー（電力）・輸送などの社会基盤が広域分散システム化しました．つながる情報システム (Networked Information Systems, NIS) に，国家安全保障 (Nation's Security) や経済活動全般が依存します．従来の情報セキュリティとの違いは，ネットワークを経由したサイバー攻撃やシステムの脆弱性が原因となってセキュリティゴールが達成できなくなることです．実際，1988 年 11 月にモーリス・ワーム (Morris Worm) と呼ばれるメールシステムの脆弱性を突いたセキュリティ上の事件が起こりました[13]．

　21 世紀を目前にして，サイバーセキュリティ (Cybersecurity) という新しい問題に注目が集まります．サイバーセキュリティについて，セキュアな NIS 実現の新しい技術課題（暗号・VPN・ファイアウォール・RBAC・システミックアプローチなど）と脆弱性の解消などの研究が，NSF や DARPA の研究支援施策として実施され，現在では，インターネットに不可欠な技術になっています．

NIS とトラスト　サイバーセキュリティの代表的な対象の NIS は，従来なかった 2 つの特徴を持ちます．多数のシステムからなる複雑な系 (System-of-Systems, SoS) を形成すること，開発から運用までのシステムライフサイクル全般で脆弱性を緩和する高い信頼性とセキュリティゴールを達成することです．従来との違いを強調し，NIS に対して，信頼されること (Trustworthiness) という見方が示されました．「要求されたことを行い，それ以外のことはしない (does what is required, does not do other things)」です．

　Trustworthiness という言葉には，ユーザー・社会・公共・政府などのステークホルダーがシステムをトラストするというニュアンスがあります．特定の品質特性を表す言葉ではないですが，耐故障性とセキュリティゴールを満たすとい

---

13) Hilarie Orman: The Morris Worm: A Fifteen-Year Perspective, *IEEE Security & Privacy*, pp.35-43, 2003.

う2つの側面を統合した生存性 (Survivability) に近い概念です[14]. 生存性はサイバーセキュリティと密接に関係し, トラストを支える品質特性といえます.

なお, 本書では, 信頼性を Reliability の訳語として使っています. また, Trustworthy によい訳語がないことから, 「信頼される」としました. 似た言葉ですが, 混乱しないようにして下さい.

信頼されるコンピューティング

産業界では, 2002年, ビル・ゲイツ (Bill Gates) がマイクロソフト社内に向けて, 「信頼されるコンピューティング (Trustworthy Computing)」と題するメモ[15]を配布しました. 信頼性 (Reliability), サイバーセキュリティ (Cybersecurity), プライバシー (Privacy), ビジネスの誠実さ (Business Integrity) という4つの品質特性を挙げています.

この「トラスト」はユーザー顧客をステークホルダーとし, ベンダーの立場から論じたものです. 信頼性はハードウェアや基盤ソフトウェアを念頭に置いています. 実際, 20世紀の終わり頃, マイクロソフト社の Windows 開発が品質面から難航し, 経営課題になっていました. また, PC がネットワークにつながったことで, サイバーセキュリティやプライバシーといった新しい IT リスクの低減が必須になりました. そして, 誠実なビジネスを行うことを強調しました. この信頼されるコンピューティングは技術的な側面だけではなく, 事業者としての組織上の対応に言及したのです.

一般に「トラスト」は, 主体と客体の関係性です (1.1.2項). 先に述べた NIS の場合も B. ゲイツの言葉も, 主体はユーザーです. 客体は, NIS ではソフトウェアシステムですが, B. ゲイツの議論では技術・製品提供のベンダーです.

B. ゲイツはビジネスという修飾語を付して Integrity (誠実さ) を特性のひとつに入れました. 一方, セキュリティゴールの Integrity (完全性) は, システムやデータの整合性・無矛盾性・一貫性などを指し保全性に近いニュアンスです. 英語の Integrity には誠実さと完全性の両方の意味があります. 使う文脈に注意して下さい.

---

14) Somesh Jha and Jeanette M. Wing: Survivability Analysis of Networked Systems, In *Proc. 23rd ICSE*, pp.301-317, 2001.

15) Bill Gates: Trustworthy Computing, Microsoft 2002.

CPS フレームワーク

21 世紀初頭，NSF から，ソフトウェアに関係する新しいキーワードとして，サイバー・フィジカル・システム (Cyber-Physical Systems, CPS) が登場しました．CPS は研究開発支援施策と関係し，研究者を新しい研究領域に誘導する造語です．初期には，高度な組込みシステムの技術確立を目指し，制御工学とソフトウェア技術の融合を目的としていました[16]．詳しくは解説記事[17]を参照してください．

CPS の品質特性 その後，CPS の特徴は実世界と強く関わること，ネットワーク分散した SoS と見なされるようになりました．また，CPS という言葉が，研究者の間で定着し始める一方，ドイツ Acatech がまとめたスマート工場 (Industrie4.0) や北米の製造業 IoT (Industrial Internet of Things, IIoT) プロジェクトによって産業界でも話題になります[18]．そこで，NIST は，高度な組込みシステムに関わる技術内容を発展させ CPS フレームワークの概念整理を行い，品質を論じる観点として Trustworthiness を導入しました[19]．具体的には以下の 5 つの品質特性を取り上げています．

- 信頼性 (Reliability)
- 安全性 (Safety)
- サイバーセキュリティ (Cybersecurity)
- プライバシー (Privacy)
- 回復性 (Resilience)

信頼性と安全性は基本的な品質特性でディペンダブルシステムのソフトウェアと共通します．また，サイバーセキュリティとプライバシーは，NIS と同様に，つながる情報システムという特徴から生まれます．ここでの安全性とサイバーセキュリティは，想定外の状況でも期待と異なる結果を生じないことが共通です．サイバーセキュリティでは，攻撃あるいは意図的な脅威 (Intentional Threats) を考えますが，安全性は装置の故障など意図しない脅威 (Non-intentional Threats) を対象にするという違いがあります．

---

16) Tariq Samad, Gary Balas (eds.): *Software-Enabled Control: Information Technology for Dynamical Systems*, Wiley-IEEE Press 2003.

17) 中島震：CPS:そのビジョンとテクノロジー，研究/技術/計画 32(3), pp.235-250, 2017.

18) 高梨千賀子，福本勲，中島震 (編著)：デジタル・プラットフォーム解体新書，近代科学社 2019.

19) NIST CPS-PWG, *Framework for Cyber-Physical Systems:* Volume 1, Overview, NIST Special Publication 1500-201, 2017

回復性は，NIS に対して導入された生存性を拡張した見方です．CPS は実世界（あるいは制御対象装置）や他システムと強く関わることから，不具合が生じても継続的に作動することが望まれます．一部の提供機能が使えなくなるとしても基本的な動作を保証する縮退運転によって達成します．また，プライバシーについては次節で詳細に説明します．

なお，CPS についてのトラスト関係では，主体はユーザーあるいは他システムで，客体は CPS システムです．

ユーザーの明示

ユーザーがトラスト関係の主体であるという面を強く意識して，利用の容易さを示す使用性 (Usability) を追加する文献[20]もあります．たとえば，信頼性 (Reliability)，安全性 (Safety)，サイバーセキュリティ (Cybersecurity)，プライバシー (Privacy)，可用性 (Availability)，使用性 (Usability) です．なお，使用性はユーザーインタフェース設計を論じるユーザー経験 (User experience, UX) の用語で，コンセプトデザイン[2]と関わる品質観点です．

ここでの可用性は，回復性と似た概念を表します．セキュリティゴールに関連して述べた CIA の可用性よりも広い意味を持ち，RAS の可用性に近い概念です．コンピュータ関連リスクの時代と異なり，アプリケーションやサービスの継続的な作動に関心があります．

総合的な品質

信頼されること (Trustworthiness) には，異なる定義がいくつかありますが，ソフトウェアディペンダビリティの信頼性と安全性に，サイバーセキュリティとプライバシーを加えることが共通です．また，セキュリティとプライバシーは機能要求という面がありますが，その重要性が強く認識され，独立な品質特性になりました．Trustworthiness は，新たな問題として顕在化したサイバーセキュリティとプライバシーに注力することで，IT リスク（危険）をユーザーの受容レベルまで低減し，チャンスに目を向けさせることです．

---

20) Jeanette M. Wing: Trustworthy AI, arXiv:2002.06276, 2020.

2.2　プライバシーリスク*)

　利用者が知覚するプライバシー遵守への期待とソフトウェアシステムのプライバシー保護レベルにギャップがあると，利用者のシステムへのトラストが低下します．

2.2.1　情報プライバシー

　ソフトウェア品質としてのプライバシーは，情報プライバシー権に関わり，個人を特定可能なパーソナルデータを保護する問題です．

プライバシー権

　プライバシーに関する権利は基本的人権のひとつと考えられています．プライバシー権は，19世紀に英米で整理されました．この伝統的なプライバシー権は，私事の保護（個人の尊厳）と表現の自由（公共の福祉）の調整に関わり，日本では，憲法第13条（幸福追求権）が根拠とされています[21]．私的領域に他者を無断で立ち寄らせない（私的領域への介入拒絶）という「ひとりで放っておいてもらう権利 (Right to be let alone)」が中心でした．

　その後，マスメディアの隆盛や情報化社会の進展に伴って「自己に関する情報をコントロールする権利（情報プライバシー権）」が重要視されるようになりました．自己の情報（パーソナルデータ）について閲読・訂正ないし抹消請求を含むものです．具体的な法律として，個人情報保護法が制定されました[22]．

　なお，プロファイリングやマイクロターゲティング（1.1.2節）は，私的領域に介入することがあり，伝統的なプライバシー権侵害が AI によって増幅された例といえます．以下，本書では情報プライバシー権を扱います．

パーソナルデータ保護の考え方

　パーソナルデータに紐付けされた自然人をデータ主体 (Data Subject) と呼びます．プライバシーに関わる問題は，パーソナルデータの取扱いに際して，デー

＊）産業技術総合研究所「機械学習品質マネジメントガイドライン第3版」の第9.1節を拡充．
21）芦部信喜：第7章1節，憲法，pp.101-107，岩波書店，1993．
22）堀部政男：プライバシー保護法制の歴史的経緯，法律文化，pp.18-21，November 2002．

タ主体の権利を保護することです.

3つの波　インターネットの発展とともに膨大な量のデジタルデータが流通し,パーソナルデータ保護の考え方が変わってきました.ビジネスとの関わりで,パーソナルデータ保護の議論が活発になったのは 1970 年代から 1980 年代初頭にかけてでした.その後,1990 年代半ばに再び関心を集め,現在,インターネットビジネスとの関わりで大きな話題になっています[23].

1970 年代から 1980 年代,データ保護を強めると円滑なビジネスを阻害するとし,データの自由な流通を優先すべきという議論が多数派でした.一般に,情報量が多いほど新たな価値を生みます.1980 年頃まで,データ保護は 2 重投資などの非効率性をもたらすことから,データ共有の仕組み作りが求められました.1990 年代半ばになって,パソコンやインターネットが日常生活に浸透するとともに,パーソナルデータの積極的な二次利用に関心が集まります.パーソナルデータを事業者に提供することで,自分が欲しい情報を効率よく受け取ることが可能になりました.ところが,一度,自身のパーソナルデータを外部に提供すると,流通範囲を把握できません.期待しない宣伝メールやジャンクメールが大量に送られて来ることもあります.二次利用による便益を享受するには,データが適切に取り扱われていることへの安心感が前提です.パーソナルデータ保護コストの負担に関する制度設計が課題と認識されました.

その後,プラットフォーマーによるインターネットビッグデータ利活用の時代を迎えます.デジタルプラットフォーム[18][24]がインターネットサービス・ビジネスの中心をなし,パーソナルデータ保護の議論が大きく変わりました.何をパーソナルデータとするのか,誰がパーソナルデータの所有者なのか,外部性がどのような影響をもたらすのかなどです.そして,後に紹介するように,欧州で一般データ保護規制 (GDPR) が成立しました.

パーソナルデータの広がり　パーソナルデータ (Personal Data) は個人を特定する情報です.情報技術の進展に伴って保護問題を論じる文脈が広がり,パーソナルデータが多様化しました.基本的には,登録データとアクティビティデータに大別することができます.

登録データ (Registered Data) は,個人を直接特定する情報を表します.氏

23) Alessandro Acquisti, Curtis Taylor, and Lian Wagman: The Economics of Privacy, *Journal of Economic Literature* 54(2), pp.442–492, 2016.
24) Stigler Center for the Study of the Economy and the State: Stigler Committee on Digital Platform Final Report, 2019.

名・生年月日・性別・人種・住所といった国勢調査の対象となる項目[25]や社会保険番号・医療情報などの機微属性 (Sensitive Attributes) です．法規制対象のこともあり，特定の機微な個人情報（プライバシーマークの審査基準 JIS Q 15001）あるいは要配慮個人情報（改正個人情報保護法）と呼ばれます．

アクティビティデータ (Activity Data) は，実世界での活動から生じる情報だけでなく，インターネットサービス利用に関わる情報を含みます．後者は，インターネットサービスの広がりとともにパーソナルデータとして理解されるようになった新しい対象です．検索エンジン利用時の検索履歴，「いいね」ボタン情報，電子商取引サイトの購買履歴，オンデマンドビデオサービスの視聴履歴，cookie などです．また，法規制の対象として定められていることもあります．今後，AI を含む情報技術の発展とともに，さらに多様化すると考えられます．

2.2.2　パーソナルデータの再特定

パーソナルデータの共有・流通がもたらす便益を享受する一方で，プライバシーの漏洩といった不具合をなくすには，データ主体を特定する情報をあらかじめ除去しておけばよいでしょう．ところが，特定性を除去したにも関わらず，データ主体に関わる情報漏洩が生じることが示されました[26]．

医療データベース

1980 年代，医療情報などが続々とデータベース化されました．新しい治療法の開発では多くの症例を活用します．医療情報は年齢・性別・病歴など多様なデータを含むので，そのままデータベースを公開すると患者のプライバシーを侵害します．そこで，名前・住所・SSN といった個人を直接特定する属性を削除したデータに加工します．1990 年代半ば，個人の特定性を除去し，データ流通とプライバシー保護を両立させようとしました．

ところが，マサチューセッツ州で公開された医療データベースが，特定性除去されていたにも関わらず，個人の再特定 (Re-identification) が可能と指摘されました[27]．公開情報に含まれていた生年月日・性別・郵便番号を用いるという

---

25) U.S. Census Bureau: Your Guide to the 2020 Census, 2020.
26) Ori Heffetz and Katrina Ligett: Privacy and Data-Based Research, *Journal of Economic Perspectives* 28(2), 75-98, 2014.
27) Latanya Sweeney: Weaving technology and policy together to maintain confidentiality, *The Journal of Law, Medicine and Ethics* 25(2-3), pp.98-110, 1997.

簡単な方法です．これらの情報から網羅的に得られる組合せは膨大で，アメリカ
国民の 87% を一意に特定できることがわかりました．また，入手可能な公開情
報の選挙人名簿と付き合わせることで，データベース公開を決定した州知事本人
の医療記録を特定できました．特定性を除去しても再特定が可能な場合のあるこ
とが実験的に確認されたのです．

特定レコードの分離問題

　2006 年，Netflix は視聴ビデオ評価データを公開しました．レコメンデーショ
ン方法のコンテストが目的です．1999 年 12 月から 6 年間に，2 万弱のビデオに
5 段階評価を登録したデータから，約 50 万人分のビデオ評価を抽出し，顧客を
特定する情報を削除したデータベースです．1 人の顧客は 1 レコードに対応し，
ビデオごとに評価と登録日の情報からなります．レコードは評価対象ビデオの数
で約 2 万の高次元データです．また，評価は 5 段階ですが，約 2 万のビデオす
べてを評価した顧客はいません．ひとつのレコードに着目すると大半の値は不確
定になり，ビデオ視聴データベースは高次元かつスパースです．レコードから本
人を特定する情報が事前除去されているので，どのようなビデオを視聴したかと
いうプライバシーは保護されているはずでした．

　約 50 万の視聴レコードを持つデータベースから，特定のレコードを見つける
問題，レコード分離問題 (Isolation) を考えます．実験によって少数のビデオに
関する補助データを用いるとレコード分離が可能とわかりました[28]．ある人が
数本のビデオを視聴したという情報から，その人の全視聴履歴がわかり，意図し
ない情報漏洩が起こりました．

　対象のビデオ視聴データベースはスパースで，また，ビデオすべてに多数の評
価が与えられているわけではありません．人気の高いビデオがある一方，ごく少
数だけが視聴した稀なビデオもあります．レコード分離の方法は，稀なビデオに
注目します．既知の補助データが稀なビデオに関する評価情報であれば，そのビ
デオの評価情報を持つレコードを少数に絞り込めます．極めて稀なビデオの重
みを大きくすることで，高次元のスパースなレコードの分離が理論的にも実際上
も可能です[29]．研究の具体例となった Netflix のビデオ視聴データベースでは，

---

28) Arvind Narayanan and Vitaly Shmatikov: Robust De-anonymization of Large
　　Sparce Datasets, In *Proc. SSP,* pp.111-125, 2008.
29) Anupam Datta, Divya Sharma, and Arunesh Sinha: Provable de-anonymization
　　of large datasets with sparce dimensions, In *Proc. International Conference on
　　Principles of Security and Trust,* pp.229-248, 2012.

8 件の補助データ，つまり 8 つの属性情報（全属性の 0.05%）を用いることで，90% 以上のレコード特定に成功しました．

　医療データベースの例は，個人の基本的な属性情報を除去しても残りの情報を組み合わせて再特定する問題でした．視聴ビデオ評価データの例は膨大な数の属性からなる高次元データのレコードを対象とします．少数の属性からレコードを分離できることが技術的な面白さです．その後，さまざまなインターネットサービスで再特定可能な事例が報告されるなど，パーソナルデータ保護の一般的な難しさが理解されるようになっています[30]．

負の外部性

　外部性 (Externality) は経済学の用語です．市場を介しない便益が生じる正の外部性が議論される一方で，負の外部性もあります．

情報の外部性　インターネット関連ビジネスでは，Web や SNS などの広がりとともに膨大な利用アクティビティデータが発生します．このようなインターネットビッグデータを活用し，たとえば，マイクロターゲティングによって広告主の便益を生みました．これを情報の外部性 (Information Externality) と呼びます[23]．蓄積・利用されるデータ量の増加とともに便益が大きくなるので，正の外部性 (Positive Externalities) です．

　データ主体の再特定では，さまざまな背景知識を利用します[26]．視聴ビデオ評価データの問題では，補助データとして利用する属性数を増やすと，再特定の精度が向上しました．共有あるいは流通するデータの増加とともに情報漏洩が容易になるのです．このようなプライバシーリスク (Privacy Risks) は負の外部性 (Negative Externalities) です．あるいは，負のプライバシー外部性 (Negative Privacy Externalities) と呼びます．

プライバシーコスト　インターネットサービスの効用 (Utility) には正の外部性による便益が寄与します．負のプライバシー外部性は不効用 (Disutility) で，プライバシーコスト (Privacy Costs) と呼びます[31]．

　ユーザーは奇妙な振舞いを示すことがあります．プライバシーコストを知覚していても，SNS などのインターネットサービス利用が減りません．プライバ

30）Arvind Narayanan and Vitaly Shmatikov: Robust de-anonymization of large sparce datasets: a decade later, 2019.

31）Itay P. Fainmesser, Andrea Galeotti, and Ruslan Momot: *Digital Privacy*, HEC Paris Research Paper, MOSI-2019-1351 2021.

シーコストを知覚するが故に，逆に，パーソナルデータ提供への心理的な障壁が低くなり，利用が積極的になるという観察さえあります．たとえば，GSR 社のフェイスブックアプリでは，多数の人が少額の報酬と引き換えにパーソナリティから政治的な立場まで多くのパーソナルデータを提供したのでした（1.1.2 項）．

インターネットサービスの利用が活発になり，プラットフォーマーに提供する個人的なアクテビティデータが増えれば増えるほど，サービス利用は活発になります．これを，パーソナルデータ提供に関わるプライバシーコストが限界的な逓減を示すといいます．その結果，プラットフォーマーに膨大なパーソナルデータが安価に提供されます[32]．

組織上の対応策　サービス開発・提供事業者の立場からすると，負の外部性はビジネスリスクに直結します．インターネットサービスの活発化とともに，パーソナルデータ再特定の脅威が増大し，その対策が大きな課題になっています[26]．今後，パーソナルデータを活用した高度なサービスが登場するでしょう．負の外部性の危険性を理解し，組織上の対応策を整える必要があります．

B. ゲイツは，2002 年に，信頼されるコンピューティングの要件にプライバシーを入れることで，事業者としての組織上の対応が重要なことに言及しました．一方，CA 社の失敗は，正の外部性に目が眩み，パーソナルデータの保護を厳しく考えていなかったことが原因かもしれません．善良さに欠けると利用者が感じ，その結果，トラスト関係が消えました．信頼されることの構成要件であるプライバシーを疎かにしたことがビジネスの失敗といえます．

データ主体のコントロールが及ばないところで，入手可能な情報からパーソナルデータ識別が可能になってはなりません．パーソナルデータの野放図な共有や流通は，人間の安全さへの脅威となります．適切に保護されていることを，開発から運用に至るシステムライフサイクルを通して保証する義務があります．では，具体的に，何を保護すべきでしょうか．

---

32) Jay Pil Choi, Doh-Shin Jeon, and Byung-Cheol Kim: Privacy and Personal Data Collection with Information Externalities, *Journal of Public Economics* 173, pp. 113-124, 2019.

2.2.3　データ主体の権利

　GDPR は欧州域内の法律で，データ主体の権利ならびにパーソナルデータの取扱いの考え方がよく整理されています．

一般データ保護規則

　2018 年 5 月，一般データ保護規制 (General Data Protection Regulation, GDPR)[33]が施行されました．欧州以外の国で GDPR の影響を受けた法案が議論され，GDPR の考え方に沿った市場が国際的に形成されつつあります．また，GDPR は，2021 年 4 月に公表された欧州 AI 規制法案 (AI-ACT)[34]にも影響を与えています．

GDPR の概要と構成　GDPR は 2012 年 1 月から約 4 年間の審議を経て 2016 年 5 月に採択され，2018 年 5 月に施行されました．欧州域内の各国が個別に法規制していると，域内国境をまたいでビジネスを行う際に，国ごとに法令への対応が必要となり，コストが増加します．そこで，域内上市を円滑に行うことを目的として，統一的な体制を整備するものです．

　インターネットの広がりとともに，1995 年のデータ保護指令（Data Protection Directive, 95/46/EC 指令）の置き換えが必要になりました．GDPR は罰則規定のあるハードローで，173 項目の前文と 12 章に分けられた 99 の条文からなります．条文の多くは，欧州全体のガバナンスに関わり，欧州委員会と欧州データ保護会議 (European Data Protection Board) を中心とするデータ保護の体制，認証 (Certificate) および監督 (Supervisory) の機関に関わります．以下では，データ主体の権利・パーソナルデータの取扱い原則を中心に GDPR の概要を紹介します．

情報プライバシー権　プライバシー権は，すべての人が共通に有し，自身に関わるパーソナルデータを保護する権利です（前文 1）．パーソナルデータの保護は絶対的な権利 (Absolute Right) ではなく，社会の中でのパーソナルデータ利用との関係や他の基本的人権 (Fundamental Rights) とのバランスの中で，比例原

---

33) Regulation (EU) 2016/679 of The European Parliament and of the Council of 27 April 2016 on the protection of natural persons with regard to the processing of personal data and on the free movement of such data, and repealing Directive 95/46/EC (General Data Protection Regulation).

34) Proposal for a Regulation of The European Parliament and of the Council Laying Down Harmonised Rules on Artificial Intelligence (Artificial Intelligence ACT) and Amending Certain Union Legislative Acts, 2021.

則 (Principle of Proportionality) にしたがって考えるべきことです（前文 4）.

　プラットフォーマーに代表されるインターネットサービスの広がりにより，95/46/EC 指令の制定時になかった課題が生じました. パーソナルデータがインターネット上のオンラインアクティビティを含むように拡大してきたこと，国境を越えた大量のデータ移送が容易になったことです. パーソナルデータを保護しつつ移転を促進する必要があります（前文 6）. 自然人は自身に関わるパーソナルデータをコントロールする権利を持ちます（前文 7）.

データ主体の権利　データ主体が，自身に関わるパーソナルデータが取り扱われているか否かを確認する権利を持ち，取り扱われているときは，そのパーソナルデータならびに関係する情報にアクセスする権利を持ちます（第 15 条）. また，取扱いの目的，そのパーソナルデータの種類，記録保持される予定期間，パーソナルデータの訂正（第 16 条）・消去（第 17 条）・取扱いの制限（第 18 条）・異議（第 19 条）・移送（第 20 条）の規定を遵守する必要があります. 消去の権利は「忘れられる権利 (Right to be Forgotten)」と呼ばれます.

　また，自動化に伴って，データ主体自身に大きな影響を与えることがあり，これに伴って生じる特別な状況での権利が示されています. 法的な効果あるいは同様に重大な効果を与える意思決定について，プロファイリングなど，自動処理のみによる意思決定の対象にされないことです（第 22 条）. これは受容できないプライバシーリスクを被る自動的な処理の対象にされないことで，ビッグデータ・アナリティックスや AI で大きな問題になります.

取扱いの原則　データ主体の権利遵守に際して，パーソナルデータの取扱い原則が整理されています（第 5 条）. まず，適法さ (Lawfulness)・公正さ (Fairness)・透明さ (Transparency) のある取扱いです. 次に，目的の限定 (Purpose Limitation)・データの最小化 (Data Minimization)・正確さ (Accuracy)・記録保存の制限 (Storage Limitation)・完全性および機密性 (Integrity and Confidentiality) です. さらに，取扱いの管理者にはアカウンタビリティ (Accountability) が必須に求められます.

　ここで，公正さ・透明さは取扱い処理作業過程の管理に関わり，アカウンタビリティのベースになります. 最小化は目的に即して必要なデータに限定することで，記録保存期間とも関係します. 正確さは，不完全でないことであり，訂正・消去への対応を考慮しており，データが目的に即して最新なことです. たとえば，訂正前のデータを使用してはなりません. 完全性および機密性は情報の直接的な漏洩というセキュリティからのデータ保護です.

　パーソナルデータの取扱いに際しては，上記の原則を満たす必要があります．想定されるプライバシーリスク分析をもとに取扱い作業の計画段階から実作業まで，技術上および組織上の方策をとる必要があります（第 25 条）．技術上の方策は，システムの安全性を保証する一般的な技術の採用を含み，ディペンダブルシステムの要件（2.1.2 項）を満たすことです．

　パーソナルデータを取り扱うアプリケーションおよびサービスの開発に際して「Data Protection by Design and by Default」の原則にしたがう必要があります．最新技術に配慮し，データ最小化・データの速やかな仮名化 (Pseudonimization) といった技術方策の採用が期待されます（前文 78）．また，新しい方策を採用する際には，生じる可能性のあるプライバシーリスクを事前分析し，データ保護影響評価 (Data Protection Impact Assessment, DPIA) を行う必要があります（第 35 条）．システム開発では，これらのパーソナルデータ取扱い原則を着実に実施しなければなりません．

データ主体の同意　GDPR にしたがったデータの取扱いは，パーソナルデータを提供するデータ主体の同意 (Consent) を得ることが前提です（第 6 条）．同意がある場合に限ってデータ提供を受けるというオプトイン (Opt-in) の考え方です．そして，提供データの目的すべてを対象に同意を得る必要があります（前文 32）．また，使いやすいユーザーインタフェースによって明示的に同意を得る方法を提供しなければなりません．

　ところが，同意を得ること，あるいは同意の対象を確定することが難しい場合が増えています[35]．たとえば，IoT のような装置を通してパーソナルデータを収集する場合，同意を得るユーザーインタフェースの提供が困難です．また，IoT 機器数が増えると，ひとつひとつに同意する作業は膨大です．さらに，ビッグデータ・アナリティックスや機械学習では，さまざまな観点・目的からデータ分析することで有用性が増すでしょう．データ提供を受けるとき，パーソナルデータの将来あるかもしれない利用目的を明らかにすることは困難です．

　なお，オプトインに対してオプトアウト (Opt-out) による同意を採用している法規制もあります．これは，明示的に拒否しない限りデータ提供に同意したことにするという考え方です．取扱い者に便利な一方で，データ主体にとって不都合な状況の原因になる場合もあります．

---

35) Mike Hintze, Viewing the GDPR through a De-Identification Lens: A Tool for Clarification, Compliance, and Consistency, *International Data Protection and Law* 8(1), pp.86-101, 2018.

2.2.4 データ保護加工

パーソナルデータ保護への脅威は再特定によって生じます．仮に，パーソナル
データを未加工のまま公開すれば，明らかに保護されません．再特定が可能か否
かはデータ保護加工の方法に依存します[36]．GDPR は複数のデータ加工方法を
想定し[35]，採用した加工の強さに応じて，その他の技術あるいは組織上の方策
を整えることを求めています．

保護加工のレベル分け

保護加工の方法は，技術の発展によって，また，分野によって，用語の使い方
が異なります．本書では，保護の強さに応じて，保護加工レベル 0 から保護加
工レベル 3 と表記します（表 2.1）．なお，対象は，登録データならびにアクテ
ィビティデータの両方です．

保護加工レベル 0　未加工データあるいは手を加えないデータ (Unmodified
Data)．当該データがパーソナルデータの場合，期待される保護を実現する必
要があります．利用の形態を制限し，技術上あるいは組織上の対策を講じなけれ
ばなりません．たとえば，当該データの外部漏洩を防止する仕組みを併用するな
ど，強固なサイバーセキュリティ対策を必要とします．

保護加工レベル 1　未加工データに加工処理を施して得られたデータ．仮名化
(Pseudonymization) は，パーソナルデータを単なる「記号」の仮名化データ
(Pseudonymous Data) に置き換えることで，直接的な参照を避ける方法です．
名前を仮名化データに置き換えたとすると，1 対 1 の関係があるものの，元の名
前を使っていないので，データ主体を保護できると考えます．ところが，仮名化
で用いた対応関係を別途管理している場合，この対応表を用いれば系統的に元の
データを復元 (Reconstruction) できるので，仮名化データは保護が不十分です．
本書では，変換を系統的に行える加工方法を総称して仮名化と呼びます．

仮名化は対応表という補助情報を用いて元の名前への逆変換あるいは推定が可
能な方法で，暗号化など鍵による加工法 (Key Coded) も含みます．ハッシュ関
数のような一方向関数による加工処理の場合，手間は大きくなりますが，系統的

---

36) Jules Polonetsky, Omer Tene, and Kelsey Finch: Shades of Gray: Seeing the
Full Spectrum of Practical Data De-identification, *Santa Clara Law Review* 56(3),
pp.593-629, 2016.

表 2.1　データ保護加工レベル

保護加工	呼び方	簡単な説明
レベル 0	未加工データ	手を加えない
レベル 1	仮名化データ	直接的な方法で系統的に再特定可能
レベル 2	特定性除去データ	間接的な方法で試行錯誤により再特定可能
レベル 3	匿名データ	不可逆（加工前に戻せない）

な方法で再構成できます[37]. そこで, 技術上あるいは組織上の対策を講じることで, 期待されるデータ保護を実現しなければなりません. たとえば, 加工処理に関わる情報 (対応表や鍵) を適切に管理し, 逆変換を避け, 当該情報の外部への漏洩を防止する仕組みを併用します.

保護加工レベル 2　再特定を困難にするような非特定化 (De-identification) の加工処理を施した特定性除去データ (De-identified Data). 加工方法には, 属性の削除 (Removal)・抑止 (Suppressed)・一般化 (Generalized) などがあります. ところが, どの方法が有効かは, 対象データの特徴や利用の仕方に依存し, 万能の方策はありません. そこで, 再特定 (Re-identification) の可能性を分析し特定性除去の方法を検討する必要があります.

　一般に, 再特定は対象データ全体から目的のひとつを探し出す (Single Out) ことです. レコードを絞り込むと, そのレコードに関わるデータ主体の特定が可能だからです. 特定性除去の基本的な考え方は, 与えられた条件を満たすレコードを一意に決定できないように対象データを加工することです.

　保護加工レベル 1 の場合, 系統的な方法での直接的な再特定 (Direct Reidentification) が可能です. これに対して, 保護加工レベル 2 は, 対象データ依存の補助情報あるいは背景知識を利用した試行錯誤を伴う間接的な再特定 (Indirect Re-identification) の方法を必要とします. 間接的な再特定性の困難さの違いによって, 導入すべき技術上あるいは組織上の対策が異なります.

保護加工レベル 3　未加工データへの復元が原理的に不可能な加工処理を施した匿名データ (Anonymous Data). データ主体に直接的, 間接的につながる情報を持たないことを保証する必要があります. 本書では, 匿名データを, 従来の用語に比べて強い意味を持つ不可逆データ (Irreversible Data) と定義します. 現

---

37) Arvind Narayanan and Edward W. Felton: No silver bullet: De-identification still doesn't work, 2014.

時点の技術レベルでは，不可逆性を保証する汎用的な変換は存在しません．保護加工問題の難しさの説明を目的として導入したレベルです．

保護加工と法規制

保護加工のレベル分け（表 2.1）は技術的な方法からの分類です．次に，パーソナルデータ保護に関係した規制法での取扱いを概観しましょう．

2 分法による規制　1990 年代半ばまで，デジタルデータの二次利用による便益の享受が重視された時代では，未加工データと保護加工レベル 1 以降に相当する匿名加工データ (Anonymized Data) に 2 分しました．たとえば，GDPR の前身の 95/46/EC 指令などです．このとき，規制法は，未加工データを取り扱う際に，技術上ならびに組織上の対策を講じることを要請します．そして，匿名加工データから未加工データを復元したり，再特定する試みを法的に禁止しました．一方，法令違反として処罰する方法では，期待されるパーソナルデータ保護を達成できないと論じれられています[36]．そこで，保護加工レベルを詳しく分類する方法（表 2.1）に議論が移ってきました．

蛇足ですが，この匿名加工データと匿名データ（保護加工レベル 3）は同じではありません．注意して下さい．

再特定容易さの規制法への影響　特定性除去データは負の外部性と関わり，入手可能な補助情報あるいは背景知識によって，また，復元・再特定の技術発展によって，パーソナルデータ保護への脅威が変わります．2 分法のような，わかりやすい線引きが難しいです．GDPR を例として詳しくみていきます．

GDPR は特定されたデータ (Identified Data)・特定可能なデータ (Identifiable Data)・匿名データ (Anonymous Data) に分類します．特定されたデータは未加工データで規制の対象ですが，匿名データは不可逆なので規制の対象外です．一方，仮名化データ (Pseudonymous Data)（第 4 条-(5)）は，本書の分類の保護加工レベル 1 に相当し，系統的な方法でパーソナルデータを再特定可能なので規制対象です．データ主体を保護する技術上ならびに組織上の方策をとる必要があります（前文 26）.

本書の保護加工レベル 2 に相当する加工済みデータは，判断が分かれるところです．従来から，国勢調査などの集約情報が公開されています．特定性除去の加工が施された後に統計処理されたので，再特定困難と考えられたからです．ところが，従来の保護加工法を施しても，マイクロデータ（原データ）の再特

定が可能なことがわかっています[38]. 今後，再特定方法の技術進展に伴って，GDPRの特定可能なデータに相当するか否かの判断が変わるかもしれません.

非特定化のインセンティブ　保護加工レベル2に関連して，GDPRの特定可能なデータの考え方を詳しくみていきます. 特定可能なデータは何らかの非特定化を施したもので，GDPRでは仮名化や暗号化を非特定化の方法としますが，技術的には，対応表や鍵といった補助情報を用いて再特定できます. 規制対象になるものの，未加工データに比べると，組織上の方策を軽減できるでしょう.

　GDPRの第11条と前文 (26) で，特定性除去データ（保護加工レベル2）相当に言及し，「その時点で利用可能な技術によって，妥当なコストと時間で，再特定できないこと」を示せば，規制の対象外とあります. 規制対象外であれば，技術上あるいは組織上の対策が不要ですから，特定性除去データによる保護方法を採用するインセンティブになります[35].

　このような特定性除去データの最も簡単な例は仮名化データです. そして，仮名化後，再特定に必須の補助情報を廃棄することで，取扱い管理者が再特定の方法を持たないことを示せます. あるいは，システムの運用方法を工夫[39]することで，第11条に相当することを示せばよいです. 技術的な観点から考えると，先に述べたように，仮名化の方法では再特定の脅威を取り除くことはできません. そこで，運用システムへの技術上ならびに組織的な管理法を工夫し，特定性除去データとみなせるようにしてGDPRの規制対象から外します. 実務では，対象の特徴やデータ共有の目的からリスク評価し，技術コストと組織上のデータ保護コストのバランスを検討して特定性除去の方針を決めます.

2.2.5　プライバシーメトリクス

　デジタルデータの利用価値・有用性と保護レベルの強さは両立しません. 適切なプライバシーメトリクス (Privacy Metrics) を用いて保護レベルを定量的に評価し，有用性と保護の強さのトレードオフ分析を行ってパーソナルデータ保護の技術的な方法を検討します.

　これまで，通信やデータベースの分野を中心にメトリクスが提案されまし

---

38) Simson Garfinkel, John M. Abowd, and Christian Martindale: Understanding Database Reconstruction Attacks on Public Data, *ACM Queue*, September-October, pp.1-26, 2018.

39) ENISA: Data Pseudonymisation: Advanced Techniques & Use Cases, 2021.

た[40]．多くは脅威分析によるリスクベースのアプローチです．その中で，デー
タ類似性に基づく K-匿名性や，区別困難性に着目した差分プライバシーが考案
されました．いずれも，統計情報データベースを対象にした方法です．以下の説
明では，データベースをレコードの集まり，レコードを属性の集まりとします．
また，レコードを構成する属性数を次元と呼びます．

データ類似性

　データ類似性 (Data Similarity) は，レコードに着目する方法です．対象レ
コードが保護されているとは，当該レコードと複数の他レコードが十分に類似
していて，ひとつに特定できないことと考えます．

準識別子　レコードが，データ主体と紐付け可能な機微属性からなるとします．
個人を直接特定する識別子 (Identifier) には，氏名やマイナンバーがあります．
また，複数を組み合せることで個人の特定が可能になる機微属性の組を，準識別
子 (Quasi-identifier) と呼びます．たとえば，生年月日・性別・郵便番号の組で
す．もとのマイクロデータから個人識別子を除去した後のデータベースがある
とき，準識別子を指定してもレコードをひとつに絞りきれないようにすれば，レ
コードを保護できると考えます．

K-匿名性　K-匿名性 (K-anonymity) は，準識別子によって指定したレコード数
が，少なくとも K 個になるように，データベースを加工する方法です[41]．たと
えば，先に紹介した医療データベースの例では，氏名等の属性を除去した後，郵
便番号を上位の数桁に限定し，また，生年月日を年と月までにします．このよう
な加工を施すと，準識別子によって条件指定するとき，加工前データベースのレ
コードを少なくとも K 個含み，一意に絞り込めません．データ主体を特定でき
ないことになります．

　K-匿名化はわかりやすい基準ですが，個人の特定が完全に不可能というわけ
ではありません[42]．もとのデータベースから異なる K-匿名化の方法で複数の
データベースを作成したとします．各々は K-匿名性を達成していても，複数を

---

40) Isabel Wagner and David Eckhoff: Technical Privacy Metrics: A Systematic Survey, *ACM Computing Survey* 51(3), Article 57, 2018.

41) Pierangela Samarati and Latanya Sweeney: Protecting Privacy when Disclosing Information: k-Anonymity and Its Enforcement through Generalization ad Suppression, Technical Report SRI-CSL-98-04 1998.

42) Justin Brickell and Vitaly Shmatikov: The Cost of Privacy: Destruction of Data-Mining Utility in Anonymized Data Publishing, In *Proc. KDD'08*, 2008.

組み合わせると元のレコードを復元できることがあります[43]．また，高次元の
スパースなデータへの適用が難しいことがわかっています[44]．

　歴史的に，匿名という訳語を当てはめますが，基本的なアイデアは，多数の中
に紛れ込ませることです．日常の言葉としては，無名 (Anonymous) と呼ぶほう
がよいように思います．

区別困難性

　区別困難性 (Indistinguishability) は，データベース問合せ結果に着目する方
法です．対象データが保護されているとは，当該レコードを含むデータベース
と含まない「隣接」データベースを用意し，両者への問合せ結果が十分に区別困
難 (Indistinguishable) なこととします．対象データの有無が結果に影響しない
ので，当該データを保護できます[45]．

差分プライバシー　差分プライバシー (Differential Privacy, DP) は，区別困難
性に基づくレコード保護の代表的な方法です．区別困難さの指標を ϵ とすると
き，ϵ の最悪値を厳密に見積もることができる証明可能なプライバシー (Provable Privacy) です[46]．

　隣接する 2 つのデータベース D と D' を任意に選びます．隣接するとは，D
と D' とが，高々 1 レコード異なることで，$\|D - D'\|_1 = 1$ とします．データ
ベースを任意に選ぶことから，問合せ結果は確定しません．そこで，問合せ処
理を乱択関数 K で表し，不確かさを確率による方法で議論します．確率密度関
数を $\rho[\_]$ とし，非負の定数 ϵ に対して，次の関係が成り立つとき，ϵ-区別困難
(ϵ-indistinguishable) と呼びます．

$$\rho[K(D) = t]/\rho[K(D') = t] \leq \exp(\epsilon)$$

ここで，$\rho[K(D) = t]$ と $\rho[K(D') = t]$ は，期待する問合せ結果 t が得られるこ
とを暗に仮定しています．つまり，ある程度の大きさを持つ正の値です．特に，
$\epsilon = 0$ だと，保護強度が最強な一方で，データベースの違いに関わらず同じ結果

43) Latabya Sweeney: k-Anonymity: A Model for Protecting Privacy, *International Journal on Uncertainty, Fuzziness and Knowledge-based Systems* 10(5), pp.557-570, 2002.
44) Charu C. Aggarwal: On k-Anonymity and the Curse of Dimensionality, In *Proc. 31st VLDB*, pp.901-909, 2005.
45) Cynthia Dwork: A Firm Foundation for Private Data Analysis, *Comm. ACM 54(1)* pp.86-95, 2011.
46) Cynthia Dwork: Differential Privacy, In *Proc. ICALP'06*, pp.1-12, 2006.

を返すので有用な問合せではありません.

また,差分プライバシーによる保護は事後処理でも保存されるという性質があります.差分プライバシーを施したデータに通常の処理を加えても,同じ保護強度のレベルを保証できます.つまり,データベース問合せ時に保護処理を施しておけばよいです.

ϵ-差分プライバシー 関数 K の値域の部分集合を S とし,問合せ結果が S に帰属するような D の領域で考えると,確率 $\Pr[K(D) \in S]$ の関係式を得ることができます.

$$\Pr[K(D) \in S] \leq \exp(\epsilon) \times \Pr[K(D') \in S] \tag{2.1}$$

これを ϵ-差分プライバシー (ϵ-Differential Privacy, ϵ-DP) と呼びます[47].ϵ が小さいと 2 つの確率が近くなり,結果の区別がつきにくいので保護レベルが強くなります.

ここで,乱択関数 K を,通常の確定的な問合せ関数 f と確率的な振舞いを加える関数 N の合成と考えます.

最も簡単には,ϵ-区別困難の関係式を満たすラプラス分布 $\mathrm{Lap}(\mu, \sigma; z)$ を用いて,ϵ-差分プライバシーのラプラス機構 (Laplace Mechanism) を定義できます.また,関数 f の感度 (Sensitivity)Δf を,隣接データベースの場合と同様に L_1 ノルムで距離を定義して,D と D' に対する問合せ結果の差の最大値とします.このとき,$\mathrm{Lap}(\mu, \sigma; f(D))/\mathrm{Lap}(\mu, \sigma; f(D')) \leq \exp(\Delta f/\sigma)$ です.つまり,$\Delta f/\sigma \leq \epsilon$ を満たすラプラス分布を利用すると,高々 Δf の違いを隠すように擾乱を付加することで期待の保護強度が達成できます.

ラプラス分布の分散は $2\sigma^2$ なので,$\Delta f/\sigma \leq \epsilon$ は,期待される保護強度に対して,隣接データベース問合せの感度が大きいと,分散の大きい擾乱を追加すべきことを示します.また,分散が小さい鋭い分布を選ぶと,同じ感度に対して,ϵ が大きくなり保護強度が低下します.

近似的な差分プライバシー ϵ-差分プライバシーは,確率 $\Pr[K(D) \in S]$ が小さい領域では精度の良い評価ができません.そこで,確率が δ よりも大きい部分空間 ($\Pr[K(D) \in S] > \delta$) に着目した近似的な差分プライバシー (Approximate Differential Privacy) が提案されました.2 つのパラメータを持つ方法で,

---

47) Cynthia Dwork, Frank McSherry, Kobbi Nissim, and Adam Smith: Calibrating Noise to Sensitivity in Private Data Analysis, In *Proc. TCC*, pp.265-284, 2006.

(ϵ, δ)-差分プライバシー $((\epsilon, \delta)$-Differential Privacy) と呼ばれます[48].

$$\Pr[K(D) \in S] \leq \exp(\epsilon) \times \Pr[K(D') \in S] + \delta \tag{2.2}$$

式 (2.1) の右辺に正の定数 δ を付加したことから，確かに，確率 $\Pr[\_]$ が小さい領域を無視していることがわかります．

(ϵ, δ)-差分プライバシーは，ガウス分布 $\mathrm{Norm}(\mu, \sigma; z)$ によるガウス機構を採用します．式 (2.2) を得る基本的な考え方は，確率密度関数の関係式から式 (2.1) を求める際の積分範囲を 2 つに分けることです．まず，$\exp(\epsilon)$ で抑えられる領域について確率を求めます．残りの領域で計算した確率から項 δ の下限を求めることができ，$\sigma^2 \geq 2 \times \log(2/\delta)/\epsilon^2$ のとき，ガウス分布が式 (2.2) を満たします[49]．つまり，2 つのパラメータ ϵ と δ を与えて σ を決め，擾乱を与えればよいです．通常，δ をデータベースの大きさの逆数 $(1/|D|)$ 程度の微小な値に選びます．

差分プライバシーの拡張理論　これまでは，1 回の問合せに対する区別困難性を考えました．ところが，1 回の問合せで区別困難であっても，複数回の問合せ結果を組み合わせると区別が容易になることがあります．先に述べた再特定の方法と同様に，問合せ結果が蓄積し背景知識が増えることで，保護への脅威が増大するといえます．許容範囲を表す指標，プライバシーバジェット (Privacy Budget) を準備しておき，問合せによる保護低下の度合いが，バジェット範囲内で収まるかを論じればよいでしょう．たとえば，式 (2.1) を k 回適用すると上限を示す右辺は $\exp(k\epsilon)$ です．

ϵ-差分プライバシーはラプラス分布ノイズに対する厳密なプラバシー保護解析法なので $\exp(k\epsilon)$ が最良の見積もりです．一方，近似法の (ϵ, δ)-差分プライバシーでは，見積もり値が大きくならざるを得ません．そこで，合成定理 (Composition Theorem) の研究が進められ[50][51]，バジェット上限を精密化する方法が提案されました．

---

48) Cynthia Dwork and Aaron Roth: The Algorithmic Foundations of Differential Privacy, *Foundations and Trends in Theoretical Computer Science* 9(3-4), pp.211-407, 2014.

49) Cynthia Dwork, Krishnaram Kenthapadi, Frank McSherry, Ilya Mironov, and Moni Naor: Our Data, Ourselves: Privacy via Distributed Noise Generation, In *Proc. EUROCRYPT'06*, pp.486-503, 2006.

50) Cynthia Dwork, Guy N. Rothblum, and Sali Vadhan: Boosting and Differential Privacy, In *Proc. 51st FCS*, pp.51-60, 2010.

51) Peter Kairouz, Sewoong Oh, and Pramod Viswanath: The Composition Theorem for Differential Privacy, In *Proc. 32nd ICML*, pp.1376-1385, 2015.

　(ϵ, δ)-差分プライバシーは，いくつかの問題を解決できていません．近似法なので，最悪の場合，δ の確率でデータ保護に失敗すること，異なるパラメータの (ϵ_k, δ_k)-差分プライバシー（$\delta_k = 0$ を含む）を合成するときのバジェット計算が困難なことなどです．そこで，いくつかの拡張理論が提案されています[52][53]．Renyi 差分プライバシー (Renyi Differential Privacy) は，ガウス機構の合成定理による上限の見積もりを厳密に行うことができ，また，後に述べるモーメントアカウンタント法[54]（4.3.3 項）への理論的なアプローチになっています[55]．

ローカル差分プライバシー　差分プライバシーはデータ分析者（データベース利用者）からデータベースを保護します．一方，ローカル差分プライバシー (Local Differential Privacy) は，データ加工者（データベース作成者）からデータ主体提供データを保護する方法です[56]．ユーザーから収集するデータを保護する手法で，インターネット利用時，クライアントからサーバーに提供したデータを保護する方法への適用例があります[57]．

　基本的な考え方は，ランダム化回答手法 (Randomized Response Technique, RRT)[58]で，利用者が答えにくい個人的な機微情報に関するアンケートに対して真の答えを隠す簡便な方法です．二択問題で，回答者は確率 p で正直に答え，確率 $(1-p)$ でランダムに Yes か No を回答します．

　ランダム化回答について，ϵ-差分プライバシーの方法で確率 p に対する保護の強さ ϵ を求めると，$\epsilon = \ln((1+p)/(1-p))$ になります．たとえば，確率 1/2 で正直に答える場合 ($p = 0.5$)，$\epsilon = \ln(3) \approx 1.1$ です．一方，ϵ の値が 3 のとき $p = 0.9$ で，0.9 の確率で正直に回答することです．ローカル差分プライバシーでは，集中的な差分プライバシーの方法に比べて，期待する保護が難しいことが

52) Cynthia Dwork and Guy N. Rothblum: Concentrated Differential Privacy, arXiv:1603.01887v2, 2016.

53) Mark Bun and Thomas Steinke: Concentrated Differential Privacy: Simplifications, Extensions, and Lower Bounds, arXiv:1605.02065, 2016.

54) Martin Abadi, Andy Chu, Ian Goodfellow, H Nrendan McMahan, Ilya Mironov, Kunal Talwar, and Li Zhang: Deep Learning with Differential Privacy, In *Proc. 23rd ACM CCS*, pp.308–318, 2016.

55) Ilya Mironov: Renyi Differential Privacy, arXiv:1702.07476v3, 2017.

56) Tianhao Wang, Jeremiah Blocki, Ninghui Li, and Somesh Jha: Locally Differentially Private Protocols for Frequency Estimation, In *Proc. 26th USENIX Security Symposium*, pp.729–745, 2017.

57) Ulfar Erlingsson, Vasyl Pihur, and Aleksandra Korolova: RAPPOR: Randomized Aggregatable Privacy-Preserving Ordinal Response, arXiv:1407.6981v2, 2014.

58) Stanley L. Warner: Randomized Response: A Survey Technique for Eliminating Evasive Answer Bias. *Journal of the American Statistical Association* 60(309), pp.63–66 1965.

わかります.

差分プライバシーの応用　差分プライバシーは理論的な興味だけではなく, 実用的に利用される時代になりました[59]. 代表的な事例にアメリカ国勢調査[60]への応用があります.

　国勢調査は, 人口調査が目的で, 集めた基本的なパーソナルデータをもとに, さまざまな観点から集計した結果を公表します. 個人の特定を避ける処置を施すことが法律で定められており, 直接情報を削除したマイクロデータの集まりから統計情報を求めて整理した集計表を公開します. 公開情報は, ある地域を対象に, 性別・人種・婚姻関係から決める分類カテゴリごとに, 人数や年齢分布 (中央値, 平均値) を示す表です.

　集計表の各項目はマイクロデータの標本に対する問合せ結果としてモデル化できます. そこで, この問合せに差分プライバシーの方法を利用して保護できます. 国勢調査の集計表は, 国レベル・州レベルなど, 対象地域の地理的な階層関係にしたがって多数が作られますし, それらの集計表は互いに関係します. 集計表の想定される利用方法に照らして, どのようにプライバシーバジェットを割り当てればよいかが検討されています[61].

2.3　ソフトウェア品質モデル

　IT リスクへのソフトウェア工学からのアプローチの中心になるソフトウェア品質モデルを紹介します.

2.3.1　SQuaRE の概要

　システム及びソフトウェアの品質モデルに SQuaRE シリーズ (Software Qual-

---

59) Kobbi Nissim, Thomas Steinke, Alexandra Wood, Mark Bun, Marco Gaboardi, David R. O'Brien, and Salil Vadhan: *Differential Privacy: A Primer for a Non-technical Audience*, Center for Research on Computation and Society, Harvard University, 2017.

60) U.S. Census Bureau: Your Guide to the 2020 Census, 2020.

61) U.S. Census Bureau: Disclosure Avoidance for the 2020 Census: An Introduction, 2021.

ity Requirements and Evaluation) があります[62)63)].

全体の構成

SQuaRE は，ソフトウェア品質要求と評価に関する国際標準です．この ISO/IEC 25000 シリーズは，

- 品質管理部門 (Quality Requirements Division, ISO/IEC 2500n)
- 品質モデル部門 (Quality Model Division, ISO/IEC 2501n)
- 品質測定部門 (Quality Measurement Division, ISO/IEC 2502n)
- 品質要求部門 (Quality Requirements Division, ISO/IEC 2503n)
- 品質評価部門 (Quality Evaluation Division, ISO/IEC 2504n)
- 拡張部門 (Extension Division, ISO/IEC 25050-25099)

の 6 つの部門 (Division) の観点から規定が作成されています．品質モデル部門は，3 つの標準文書からなり，

- システムとソフトウェアの品質モデル (System and Software Quality Model, ISO/IEC 25010)
- サービス品質モデル (Service Quality Model, ISO/IEC 25011)
- データ品質モデル (Data Quality Model, ISO/IEC 25012)

を規定します．拡張部門は，他の 5 つの部門で規定した汎用的な事項を，特定の状況で適用する際の補完的な要求事項を扱います．これまでに，既製ソフトウェア製品の品質認証の国際規格 RUSP (ISO/IEC 25051) が発行されました．今後も拡充され，たとえば，AI システムの品質モデル (Quality Model for AI Systems, ISO/IEC 25059) が ISO/IEC 25010 の拡張として検討されています．

　以下，IT リスクへの技術的なアプローチと密接に関わる品質モデルとして，ISO/IEC 25010 と ISO/IEC 25012 を中心に説明します．各々，国内では，X25010[64)] および X25012[65)] の JIS 標準になっています．

---

62) 東基衞：システム・ソフトウェア品質標準 SQuaRE シリーズの歴史と概要, *SEC* ジャーナル 10(5), pp.18-22, 2015.
63) 込山俊博，東基衞：システムおよびソフトウェア品質の国際的な基準の確立—日本主導の国際標準化への取組み—，デジタルプラクティス 10(1), pp.62-73, 2019.
64) 日本工業規格 JIS X25010:2013 (ISO/IEC 25010:2011)
65) 日本工業規格 JIS X25012:2013 (ISO/IEC 25012:2008)

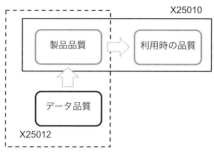

図 2.1　品質モデルの関係

品質モデルの関係

　SQuaRE のソフトウェア品質は「明示された状況下で使用されたとき，明示的ニーズ及び暗黙のニーズをソフトウェア製品が満足させる度合い」です．ここで，ニーズは「利害関係者」あるいはステークホルダーが持ちます．ステークホルダーは多岐に渡り，その多様なニーズを満足したかを適切に判断できるように，品質属性を詳細に定義します．

　X25010 は利用者側の視点と提供側の視点の両方から品質モデルを提供します．前者の利用時の品質モデルは，広い意味での利用者が感じる品質の基本です．後者の製品品質モデルは，開発時に評価する品質を定義します．X25012 のデータ品質モデルは，「製品品質モデルを補完」し[66]，製品品質モデルとともに開発時に評価する品質です（図 2.1）．

　これらの品質モデルは幅広い品質特性をカバーし，定義した品質特性を「品質要求事項の包括的な取扱いを確実にするためのチェックリストとして使用」することができます．また，「全ての副特性の仕様化又は測定は，事実上不可能」であり，「品質特性の相対的な重要さは，プロジェクトに対する高水準の目標及び目的」に依存します．つまり，対象ソフトウェアに合わせて，適宜，考えるべき品質特性を決めればよいとします．

　利用時の品質モデルは 5 つの品質特性からなり，また製品品質モデルは 8 つの品質特性から構成されます．製品品質モデルは，内部品質モデルと外部品質モデルを統合したもので，測定対象に応じて，内部特徴あるいは外部特徴と呼びます．内部特徴は開発段階の製品を対象とした静的な測定量，外部特徴は試作段階

66）日本工業規格 JIS X25010:2013(ISO/IEC 25010:2011)，付属書 C．

の製品を対象とした動的な測定量です．利用時の品質モデルは利用段階の製品が
実使用または模擬使用するときの測定量によって評価されます．

　利用時の品質モデルと製品品質モデルという2つの品質モデルはステークホ
ルダーの違いからの整理で，対象は同じですから互いに関連します．たとえば，
製品品質モデルの「機能適合性，性能効率性，使用性，信頼性及びセキュリテ
ィは，一次利用者（ユーザー）の利用時の品質に大きな影響を及ぼす．性能効率
性，信頼性及びセキュリティは，これらの領域を専門とする他の利害関係者に
も，特定の関係があることがわかる」し，また，「互換性，保守性及び移植性は，
システムを保守する二次利用者の利用時の品質に大きな影響を及ぼ」します．

2.3.2　SQuaRE 品質モデル

　標準文書 X25010:2013 の構成にしたがって，まず利用時の品質モデルを紹介
し，その後，製品品質モデルを説明します．

利用時の品質モデル

　利用時の品質モデルの品質特性・品質副特性の概要を表2.2に示しました．以
下，いくつか興味深い品質特性・品質副特性を詳しく見ていきましょう．

　有効性 (Effectiveness) は「明示された目標を利用者が達成する上での正確さ
及び完全さの度合い」です．利用者が自身の目標を明らかにしていて，その目標
達成に有効な品質をソフトウェアシステムが持つことです．

　満足性 (Satisfaction) は「製品又はシステムが明示された利用状況において使
用されるとき，利用者ニーズが満たされる度合い」と定義されます．利用状況が
明示されていて，その条件下で，ソフトウェアシステムを利用したときに，利用
者が知覚する満足度です．満足性には4つの品質副特性があり，そのひとつで
ある信用性 (Trust) は「利用者又は他の利害関係者が持つ，製品又はシステムが
意図したとおりに動作するという確信の度合い」です．確信度が高ければ，利用
者は製品またはシステムを利用すると考えられることから，利用者の知覚の問題
といえます．

　リスク回避性 (Freedom from Risk) は「製品又はシステムが，経済状況，人
間の生活又は環境に対する潜在的なリスクを緩和する度合い」と定義されます．
ここでリスクは「所与の脅威の発生確率と，その脅威の発生によって起きる悪影
響の可能性の関数」で，IT リスクの考え方（2.1.1 項）と整合しています．一方

表 2.2　利用時の品質モデルの品質特性

品質特性	品質副特性	簡単な説明
有効性		目標達成の正確さ及び完全さの度合い
効率性		利用した資源の度合い
満足性		ニーズが満足される度合い
	実用性	目標の達成状況
	信用性	意図通りの動作することの確信
	快感性	（個人的に）感じる喜び
	快適性	利用時の快適さ
リスク回避性		潜在的なリスクを緩和する度合い
	経済リスク緩和性	ビジネスへの潜在的なリスクの緩和
	健康・安全リスク緩和性	人々への潜在的なリスクの緩和
	環境リスク緩和性	環境への潜在的なリスクの緩和
利用状況網羅性		想定内・超越した状況で使用できる度合い
	利用状況完全性	明示された状況（想定内）での度合い
	柔軟性	逸脱した状況での度合い

で，影響を被る人間の安全さの種類にしたがって，3 つの品質副特性に分類しました．各々，「意図した利用状況」において「潜在的なリスク」を緩和する度合いを表します．このリスク回避性の議論は「IT リスク」が対象ですが，意図した利用状況・脅威の分析をあらかじめ行い，既知なことが前提です．意図した利用状況は，明示された利用状況を含む広い概念で，暗黙のニーズから推定される利用状況を含むと考えられます．

　利用状況網羅性 (Context Coverage) は，利用状況完全性 (Context Completeness) と柔軟性 (Flexibility) の 2 つの品質副特性からなります．前者は「明示された全ての利用状況において，有効性，効率性，リスク回避性及び満足性を伴って製品又はシステムが使用できる度合い」で，想定内の利用状況での網羅性を論じます．後者は「要求事項の中で初めに明示された状況を逸脱した状況」における議論です．要求時に想定しなかった状況での利用という例外的な場合を取り扱います．一方で，基本的には，製品が柔軟性に合わせて設計されるべきとしており，そのように設計されていない場合に「意図していない状況で製品を使用することは，安全ではないかもしれない」と注記されています．

　さて，この柔軟性は，ディペンダブル・システムのソフトウェアの標準的な考え方（2.1.2 項）で紹介した安全性 (Safety) と関わります．アリアン 5 ロケットの事例に当てはめると，軌道をそれたときに自爆するという設計は，柔軟性を

表 2.3 製品品質モデルの品質特性 (1/2)

品質特性	品質副特性	簡単な説明
機能適合性		ニーズ満足の機能提供の度合い
	機能完全性	網羅する度合い
	機能正確性	期待する正確さの度合い
	機能適切性	目的達成を促進する度合い
性能効率性		使用する資源の量と性能
	時間効率性	応答・処理時間, スループット
	資源効率性	資源の量及び種類
	容量満足性	パラメータの最大値
互換性		構成要素の置き換え可能な度合い
	共存性	共有時に機能を効率的に実行
	相互運用性	置き換えた情報が使用可能
使用性		利用できる度合い
	適切度認識性	ニーズに適切かを認識
	習得性	使用法の学習が容易
	運用操作性	運用操作・制御が容易
	ユーザエラー防止性	利用者の誤りを防止
	ユーザインタフェース快美性	楽しく満足のいく対話性
	アクセシビリティ	幅広い心身特性への対応

達成する方策でした. 仮に, このような安全性を考慮した設計をしていないとすると, アリアン5が軌道を外れる可能性の状況で使用する場合に安全ではなく (Unsafe), 外界に悪影響 (Harm) が生じます.

製品品質モデル

製品品質モデルの品質特性・品質副特性の概要を表2.3と表2.4に示しました. いくつか興味深い品質特性・品質副特性を詳しく見ていきましょう.

機能適合性 (Functional Suitability) は「明示された状況下で使用するとき, 明示的ニーズ及び暗黙のニーズを満足させる機能を, 製品又はシステムが提供する度合い」であり,「機能仕様にではなく, 機能が明示的ニーズ及び暗黙のニーズを満足させるかどうかにだけ関係」します. つまり, 通常のソフトウェア開発で機能仕様として表現する機能振舞いの個々の内容を論じるものではありません. 素朴には, 何らかの要求が与えられたとき, その要求項目が, どのくらい達成できているかの確認 (Validation) 作業を行って, 機能適合性を調べます.

使用性 (Usability) は「明示された状況において, 有効性, 効率性及び満足性

表 2.4　製品品質モデルの品質特性 (2/2)

品質特性	品質副特性	簡単な説明
信頼性		明示された機能を実行する度合い
	成熟性	通常運用時に信頼性がニーズに合致
	可用性	運用操作が可能・アクセスが可能
	障害許容性	障害時でも意図した運用操作が可能
	回復性	中断・故障から復元（生存性）
セキュリティ		情報及びデータを保護する度合い
	機密性	権限のあるデータだけにアクセス
	インテグリティ	権限のない読み書き操作を防止（免疫性）
	否認防止性	行為又は事象の発生を証明
	責任追跡性	行為主体を一意的に追跡可能
	真性性	同一性の証明
保守性		完全化保守・適応保守が容易な度合い
	モジュール性	モジュール化
	再利用性	資産の他への流用
	解析性	影響解析・故障診断・欠陥特定
	修正性	修正の容易さ（変更性と安定性）
	試験性	テスティングの容易さ
移植性		移植が容易な度合い
	適応性	新規環境への適応の容易さ
	設置性	新規環境での設置の容易さ
	置換性	同じ環境での置き換えの容易さ

をもって明示された目標を達成するために，明示された利用者が製品又はシステムを利用することができる度合い」です．素朴には，ユーザー体験 (User Experience) との関わりが強く，開発過程からコンセプトデザイン[2] などの手法の活用が考えられます．

　信頼性 (Reliability) は「明示された時間帯で，明示された条件下に，システム，製品又は構成要素が明示された機能を実行する度合い」と定義されます．注記に，「信頼性の限界は，要求事項，設計及び実装での障害が原因である．また，(利用) 状況の変化が原因」とあります．系統的な故障・確定的な故障が原因となる不具合（2.1.1 項）が対象です．

　セキュリティ (Security) は「人間又は他の製品若しくはシステムが，認められた権限の種類及び水準に応じたデータアクセスの度合いをもてるように，製品又はシステムが情報及びデータを保護する度合い」です．保護対象はシステムが管理するデータで，蓄積されたデータならびに通信中のデータを含みます．品質

副特性の機密性 (Confidentiality) とインテグリティ (Integrity) は，情報セキュ
リティの CIA（2.1.3 項）を再編成して 2 つにまとめたものです．また，他の 3
つの品質副特性は，実行主体によるアクセス履歴を実行時にログとして記録する
状況を念頭においていると思われます．

　保守性 (Maintainability) は「意図した保守者によって，製品又はシステムが
修正することができる有効性及び効率性の度合い」と定義されます．この有効性
及び効率性は利用時の品質特性（表 2.2）なので，保守者を利用者とする場合の
品質特性と関わる製品品質の特性です．なお，ここで想定されている保守の目的
は，ソフトウェア工学における，適応保守ならびに完全化保守[67]のことで，5 つ
の品質副特性は，保守性を向上させる技術的な工夫や方法と関連します．

　この品質副特性の中で，解析性 (Analysability) は「製品若しくはシステムの
一つ以上の部分への意図した変更が製品若しくはシステムに与える影響を総合
評価すること，欠陥若しくは故障の原因を診断すること，又は修正しなければな
らない部分を識別することが可能であることについての有効性及び効率性の度合
い」であり，いくつかの変更作業と関係します．修正性 (Modifiability) は「欠
陥の取込みも既存の製品品質の低下もなく，有効的に，かつ，効率的に製品又は
システムを修正することができる度合い」です．また，試験性 (Testability) は
「システム，製品又は構成要素について試験基準を確立することができ，その基
準が満たされているかどうかを決定するために試験を実行することができる有効
性及び効率性の度合い」です．テスト容易設計などの技術によって試験性を向上
させることができるでしょう．

ディペンダビリティとの関係

　SQuaRE のソフトウェア品質モデルは，システムおよびソフトウェアの一般
的な品質特性を幅広く整理し体系化したものです．何かのソフトウェア品質モ
デルがあるとき，SQuaRE の品質モデルに対応付けすればよいです．一例とし
て，IEC 60050-191 のディペンダビリティとの対応付けが説明されています[68]．
SQuaRE 規格が幅広い品質特性に言及していることがわかります．

　IEC 60050-191 によると，ディペンダビリティは「要求されたとき，要求された
とおりに実行するための能力」と定義され，基本的には，安全性・信頼性・可用
性・機密性・インテグリティ・保守性から構成されるとされています．SQuaRE

67）中谷多哉子，中島震：第 15 章，ソフトウェア工学，放送大学教育振興会 2019.
68）日本工業規格 JIS X25010:2013(ISO/IEC 25010:2011), 付属書 B.

への対応付けでは，安全性を利用時の品質モデルのリスク回避性に対応させ，残りの5つは製品品質モデルの同名の品質特性と考えます．また，ディペンダビリティを，より広い総合評価の一部として用いる場合，利用時の品質モデルの有効性・効率性・満足性・利用状況網羅性，および，製品品質モデルの使用性・機能適合性・性能効率性・互換性・移植性を考慮すればよいです．

　なお，本書では，ディペンダブルシステムのソフトウェアを，IEC 60050-191とは少し異なる視点から整理しました（2.1.2 項）．それでも，SQuaRE 品質モデルに対応付けることはでき，信頼性は SQuaRE の信頼性，安全性は SQuaRE のリスク回避性，可用性は SQuaRE の回復性，使用性は SQuaRE の使用性に対応します．一方，サイバーセキュリティは意図的な攻撃が関わるので SQuaRE への対応が簡単ではありません．利用状況網羅性・信頼性・セキュリティの組合せとして理解できます．

2.3.3　データ品質モデル

　標準文書 X25012:2013 にしたがって，データ品質モデルを紹介します．

永続データ

　JIS X 25012:2013 規格は「構造化された様式で保有されたデータ」を対象とし，「一般的なデータ品質モデル」を規定します．対象データは「（コンピュータ）処理又は蓄積」されるもので，永続性のあるデータと考えればよいでしょう．たとえば「組込み機器又はリアルタイムセンサが生成する」一時的なデータは対象外です．また，「データ設計に対するデータの適合性」も対象外で，データに関わる要求仕様やデータベースのスキーマ設計といった上流工程の作業との関係は規格の範囲外です．X 25010:2013 の機能適合性が要求仕様の内容を対象外にすることと同じ発想です．

　データ品質評価は，SQuaRE の基本的な考え方にしたがい，定義された品質測定量に基づいて行われます．また，データ品質（Data Quality）は「指定された状況で使用するとき，明示されたニーズ及び暗黙のニーズをデータの特性が満足する度合い」です．ここで，使用の状況が明らかなこと，明示及び暗黙のニーズがあること，という前提に注意して下さい．品質の議論は合目的性があるので前提条件を伴います．どのような応用目的にも対応可能な普遍的な (Universal) データ品質を議論するわけではありません．

表 2.5 データ品質モデルの品質特性

データ品質特性	I	S	簡単な説明
正確性	○		構文上・意味的な正確さ
完全性	○		（欠損値がないこと）
一貫性	○		矛盾がない，首尾一貫
信憑性	○		信頼できること（真正性を含む）
最新性	○		最新の値であること
アクセシビリティ	○	○	代替アクセス手段があること
標準適合性	○	○	規格・規制等を遵守
機密性	○	○	利用範囲制限を保証
効率性	○	○	計算資源の緩和，期待性能を提供
精度	○	○	期待機能を提供可能な精密さ
追跡可能性	○	○	監査証拠が提供可能
理解性	○	○	利用者が理解容易な表現
可用性		○	間断なく利用できること
移植性		○	既存品質を維持しての移植
回復性		○	故障発生時の運用継続・品質維持

I：固有のデータ品質，S：システム依存のデータ品質．

　データ品質特性 (Data Quality Characteristic) は「データ品質に影響するデータ品質特性の種類」と定義され，「固有の視点及びシステム依存の視点」という 2 つの視点を考慮した 15 の品質特性に分類されています．固有のデータ品質は「データの品質特性が本来備えている潜在力の度合いを参照する」もので「データそのものを参照」し，「データ領域の値及び起こり得る制限」，「データ値の関係 (例えば，一貫性)」や「メタデータ」を参照します．

　システム依存のデータ品質は「コンピュータ内でデータ品質が到達し，維持される度合いを参照する」もので「データが使用される，技術上の領域に依存」し，「コンピュータシステムの構成要素の能力によって達成」されます．たとえば，数値精度・回復性・移植性などは，装置仕様やソフトウェア機能依存です．データ固有ではないですが，データの品質に関わります．

データ品質特性

　表 2.5 に 15 のデータ品質特性を整理しました．I 欄は固有のデータ品質，S 欄はシステム依存のデータ品質であることを示します．いくつかは，両方の性質を持つ品質特性です．

　X25012:2013 規格では，各品質特性に対して，そのデータ品質測定量を例示

しています．対象のデータ数に対して，その特性を満足するデータの個数，つまり比率によって定義します．たとえば，完全性は，複数の属性からなるデータに対して，属性値を適切に持つデータの個数で，属性値がすべて揃っているデータ数の比率が完全性の品質測定量の例です．属性値に欠損があるか否かを検査する方法が既知なことが前提です．

　なお，たとえば完璧な完全性（品質測定値 100％）を求めるかは，データ品質評価時の方針です．SQuaRE シリーズの他規格とともに使用する際の判断が必要です．25012:2013 規格は，データ品質について開発の際に注意する観点を整理したものです．

データ品質モデルと GDPR

　GDPR（2.2.3 項）はパーソナルデータ取扱い原則（第 5 条）の中で，データ品質に言及していると考えられます[69]．まず GDPR を遵守することから標準適合性 (Compliance) を満たす必要があるでしょう．

　GDPR と SQuaRE の間では用語にズレがあるものの，X25012（表 2.5）に対応させることができます．GDPR の正確さ (Accuracy) は，SQuaRE の正確性 (Accuracy)・完全性 (Completeness)・一貫性 (Consistency)・信憑性 (Credibility)・最新性 (Currentness) といった基本的な特性に展開できます（第 5 条第 1 項 (e)）．また，GDPR の完全性および機密性 (Integrity and Confidentiality) は，機密性 (Confidentiality)・可用性 (Availability) に対応します（第 5 条第 1 項 (f)）．GDPR は意図するしないに関わらず生じる脅威に対しての保護措置を前提としています．これはデータ品質モデルの範囲外で，製品品質のセキュリティあるいは利用時の品質のリスク回避性・利用状況網羅性から考える品質特性です．

　GDPR の取扱い原則の規定は，パーソナルデータが満たすべきデータ品質モデルを示す一方で，パーソナルデータ取扱い時の品質特性に言及していることから X25010 とも密接に関わります．

---

69) Maria C. Psaoletti and Alessandro Simonetta: Data Quality and GDPR, UINOFO 2019.

第3章 機械学習ソフトウェアの特徴

3.1 機械学習の基本

深層ニューラルネットワーク機械学習の基本的な考え方を説明します.

3.1.1 近似的な入出力関係

機械学習の典型的な問題,教師あり分類タスク (Supervised Classification Task) を中心に機械学習ソフトウェアの特徴を説明します.

学習の問題

具体例として,画像の分類学習問題を考えます.画像データと対応する正解分類タグの組を多数与えて,未知の画像データから分類タグを予測する入出力関係を推定する問題です.たとえば,手書き数字の分類タスクでは,画像データは手書きストロークのパターンを表します.このパターンは多種多様で複雑なことから,パターンから分類タグを計算する系統的なアルゴリズムの設計が困難です.そこで,多数のパターンと正解タグの組の集まり,訓練データセット (Training Dataset) から求めたい入出力関係の近似関数を帰納的に得ます.この入出力関係を得る過程が機械学習 (Machine Learning) です.

何もないところから近似入出力関係を求めることは困難です.そこで,入出力関係の雛形となる学習モデル (Machine Learning Model) を与えます.この学習モデルは,入力信号(画像データ)を伝播し分類タグを出力する手順を表します.学習モデルが処理手順を表すことから,AI アルゴリズム[1]と呼びます.深層ニューラルネットワークでは,学習モデルは多数のニューロンをリンクで結

---

1) Hannah Fry: *HELLO WORLD: How to be Human in the Age of the Machine*, Black Swan 2019.

合したネットワーク構造を示し，リンクに付された重みが学習パラメータの値です．構造的な情報は決まっており，学習パラメータ値が訓練学習の結果です．

　以降，深層ニューラルネットワーク学習の基本的な考え方を紹介します．多くの場合，適切な学習パラメータ値が求まるのですが，その理由は明らかではありません．理論的な解明に今後の研究が期待されています[2]．

学習問題の特徴　帰納的な方法は，本書が対象にしている機械学習の本質的な側面を表します[3]．まず，ニューラルネットワークを用いるとき，学習モデルは非線形関数 (Non-linear Function) を表し，理想的な入出力関係を任意の精度で近似的に表現できること（普遍近似定理）が知られています．一方で，入出力関係の最適解を求める一般的で万能な方法は存在しません（ノーフリーランチ定理）．また，与えた訓練データセットに過適合 (Over-fitting) することがあり，理想的な入出力関係から逸脱する過学習 (Over-learning) の問題を避けることが難しいです（汎化性能の問題）．この過学習を緩和する方法として，正則化 (Regularization) などの研究が進められ[4]，さまざまな技法が実用的に使われるようになりました．

誤差の最小化

　本書が対象とする深層ニューラルネットワーク (DNN) の学習は，汎化誤差 (Generalization Error) を最小化する学習パラメータ値を求める問題です．画像分類では，画像データを多次元ベクトルで表現します．この画像を表すベクトルと分類タグからなるデータ点を対象とし，そのデータ点の生成分布（母分布）が既知と仮定します．学習の目的は，入力された画像データに対する予測結果が，既知の分類タグに一致するような学習パラメータの値を決めることです．

汎化誤差の最小化　予測結果と既知の分類タグの差を損失 (Loss) とし，データ点の生成分布の下で，損失関数の期待値を最小化する数値最適化問題を解きます．このとき，汎化誤差は損失関数の期待値で，予測結果と既知の分類結果の違いの度合いを表すリスクです．つまり，学習はリスク最小化 (Risk Minimization) の問題です．次のような数式で表します．

2) Gitta Kutyniok: The Mathematics of Artificial Intelligence, arXiv:2203.08890, 2022.
3) Simon Haykin: *Neural Networks and Learning Machines (3rd)*, Prentice Hall 2008.
4) Gregoire Montavon, Genevieve B. Orr, and Klaus-Robert Muller (Eds.): *Neural Networks: Tricks of the Trade (2ed.)*, Springer 2012.

$$W_g^* = \underset{W}{argmin}\, \mathcal{E}_{\langle x,t \rangle \sim \rho}[\![\ell(Y(W;x),t)]\!] \tag{3.1}$$

ここで，$Y(W;\_)$ は学習パラメータ W を持つ学習モデル，$\langle x,t \rangle \sim \rho$ は母分布 ρ にしたがうデータ点 $\langle x,t \rangle$ を対象とすること，$\ell(\_,\_)$ は入力 x に対する予測結果 $Y(W;x)$ と既知の正解タグ t の差を表す損失関数です．そして，$\mathcal{E}_{\langle x,t \rangle \sim \rho}[\![\_]\!]$ は母分布 ρ の下での期待値を表します．特に，$\sim$ はデータ点 $\langle x,t \rangle$ が母分布 ρ に対して独立同一分布 (Independent and Identically Distributed, IID) にしたがうこと，各々のデータ点を独立にランダムに選ぶことを表します．このとき，左辺の W_g^* は最小化問題の解で，損失関数の期待値を最小にする学習パラメータの値です．求めた W_g^* から，訓練済み学習モデル（DNN モデル）は $Y(W_g^*;\_)$ で，期待する入出力関係を近似する関数を表します．

訓練誤差の最小化　現実には，母分布 ρ を知ることはできません．そこで具体的な学習データを使って解を求めます．学習データの各データ点の出現頻度を表す確率分布を経験分布 (Empirical Distribution) と呼び，この経験分布を母分布の代わりに用いた訓練誤差 (Training Error) の最小化問題とします．次の数式で表せます．

$$W_e^* = \underset{W}{argmin}\, \frac{1}{N} \sum_{n=1}^{N} \ell(Y(W;x^{(n)}),t^{(n)}) \tag{3.2}$$

学習する訓練データセット D は具体的な N 個のデータ点からなるとしました．$D = \{\langle x^{(n)}, t^{(n)} \rangle\}$ です．式 (3.1) と違って，D のデータ点は母分布 ρ に対する IID ではなく，たまたま選んだ N 個のデータ点ですから，母分布に対して偏りがあるかもしれません．一般に具体的なデータを用いた評価を経験的な方法と呼ぶので，これを経験リスク最小化 (Empirical Risk Minimization) といいます．また，学習に用いた経験分布と母分布は一致する保証がなく，理想的な学習パラメータが求まるわけではありません（$W_g^* \neq W_e^*$）．以下，区別しないで，求めた学習パラメータを W^* と表記します．

勾配降下法　式 (3.2) の目的関数は学習パラメータ W に関して非線形で，誤差関数 $\mathcal{E}(W)$ と呼ばれます．

$$\mathcal{E}(W) = \frac{1}{N} \sum_{n=1}^{N} \ell(Y(W;x^{(n)}),t^{(n)})$$

$\mathcal{E}(W)$ を用いると，式 (3.2) は $W_e^* = argmin_W\, \mathcal{E}(W)$ と書けます．この解は解

析的に求めることができないので，勾配降下法 (Gradient Descent Method) に基づく数値探索の方法を用います．初期値を $W^{[0]}$ として，$K \geq 0$ に対して，傾き $(\nabla\mathcal{E}(W^{[K]}))$ で決まる方向へ少しずつ進めて，$W^{[K+1]}$ の値を更新する方法です．η は学習率 (Learnig Rate) で正の微小定数です．

$$W^{[K+1]} = W^{[K]} - \eta \times \nabla\mathcal{E}(W^{[K]}) \tag{3.3}$$

$\mathcal{E}(W^{[K]})$ が変化しなくなるまで，傾きが無視できるほど小さくなるまで繰り返し，収束時の $W^{[K]}$ を W^* とします．

この方法では，過学習の問題が生じるなど，期待する学習パラメータを求めることが難しいです．そこで，確率勾配法 (Stochastic Gradient Descent, SGD) やドロップアウト (Dropout) などが考案されました．これらは機械学習の重要な技術ですが，詳しくは他書[3)4)] を参照してください．

漸近性　学習問題は与えられた学習データをもとにした帰納的な方法で，統計学の考え方[5)]と関連します．統計学の分野では，DNN による方法をアルゴリズミック・モデリングと呼びます[6)]．

一般に，統計モデルの自由度（モデルパラメータ数）がデータの数よりも大きいとき，過適合が生じます．これは，与えたデータだけを再現するようにモデルパラメータの値が調整されることです[7)]．また，データが増えるにつれて，統計的な推定量の標本分布が正規分布に近づくことが知られています．期待する正解値からのズレが正規分布を示すので，求める正解値の近傍の値がわかれば，良い近似になっています．

さて，実用的な学習タスクの DNN モデルは膨大な数の学習パラメータを持ち，訓練データよりも多いことがあります．上に述べた統計学の知見によると，過適合が生じても不思議はありません．また，数値最適化の方法をもとにした訓練学習で求まる学習パラメータ W^* は漸近正規性 (Asymptotic Normality) を示しません．つまり，期待する解の周辺の分布が不明で，訓練データを増やして得られる W^* が，より良い近似になるかはわかりません．さらに，過適合の状況になっていて，良い近似解が遠く離れたところに存在するかもしれません．得られた W^* が妥当かを，何らかの方法で確認する必要があります．

5) 東京大学教養学部統計学教室（編）：統計学入門，東京大学出版会 1991.
6) Leo Breiman: Statistical Modeling: The Two Cultures, *Statistical Science* 16(3), pp.199–231, 2001.
7) 中島震：第 1 章，ソフトウェア工学から学ぶ機械学習の品質問題，丸善出版 2020.

訓練誤差とテスト誤差　過学習は，求めた解 W^* が訓練データに過適合することで，訓練データの選び方によって起こる現象です．今，訓練データ D を母分布からの IID で得るとしましょう．その部分集合を適当に選んで D' とすると，D' は偏りがあり，IID とは限りません．有限個のデータを用いる限り，母分布 ρ を基準とした偏りをなくすことは難しいです．訓練データ D から D' と異なる部分集合 D'' $(D' \cap D'' = \emptyset)$ を作り，D'' に対して期待通りの結果が得られるかを調べれば，偏りの影響の大きさを知ることができそうです．

　訓練学習過程で過学習が生じているかを検知したいですが，データ点の母分布 ρ が未知なので，簡単に調べることができません．そこで，学習に用いた訓練データと異なるデータ点の集まりを準備し，この試験データセット T に対するテスト誤差 (Test Error) で代用します．つまり訓練誤差とテスト誤差が妥当であるかを調べます．このとき，D' と D'' のように，訓練データセット D と試験データセット T は同じ分布にしたがうと期待します．実務的には，多数のデータ点からなる学習データを整備し，その中から，D と T を互いに重ならない $(D \cap T = \emptyset)$ ようにランダムに選びます．

ハイパーパラメータ　機械学習の方法は学習モデル $Y(W;\_)$ の未定学習パラメータ W の値を求めることです．勾配法で式 (3.3) によって W の値を探索するとき，学習率 η の値によって，収束までの振舞いが異なります．学習率のように，訓練学習で求める対象ではなく，あらかじめ値を決めておくパラメータをハイパーパラメータ (Hyper-parameters) と呼びます．

　ここで，学習モデルとして，古典的な全結合の多層ニューラルネットワークを考えましょう．このとき，中間層あるいは隠れ層に関わる情報もハイパーパラメータです．入出力層のニューロン数は学習問題から決まりますが，中間層を何層にするか，各層のニューロン数をいくつにするかは調整可能です．中間層のニューロン数が多いと，学習パラメータ数が多く自由度が増えるので，訓練データに過適合する可能性が大きくなります．逆に，自由度が小さいと表現上のキャパシティ (Representational Capacity) が不足し，期待する予測性能を達成できません[8]．中間層を適切に設定することが大切です．

　一般に，訓練データが同じでも，ハイパーパラメータの値によって，得られる訓練済み学習モデルの予測性能が異なります．そこで，適切なハイパーパラメータを決める作業が必要です．基本的には，訓練に用いる学習データ D を，

---

[8] Ian Goodfellow, Yoshua Benjio, and Aaron Courville: Ch.5, *Deep Learning*, The MIT Press 2016.

訓練データセット D_t と確認用データセット (Validation Dataset) D_v に分けます ($D_t \cap D_v = \emptyset$). そして, ハイパーパラメータの値 h を変えて $Y(W_h^*; \_)$ を得て, D_v を評価に用いて予測性能を調べる作業を繰り返し, 最も良い性能を示すハイパーパラメータから $Y(W_h^*; \_)$ を得ます. 最後に, 試験データセット T を用いて汎化性能を調べます.

予測の確からしさ

　学習結果として得た入出力関係 $Y(W^*; \_)$ は理想的な関数の近似です. 予測の結果は確定的, 断定的ではなく, 不確かさを伴います. 手書き数字の分類タスクでは, 仮に, 世の中のすべてのパターンを収集して訓練データにすれば, 近似精度が向上するでしょう. また, パターンの数が有限ならすべての場合を記憶しておけばよいので, 帰納的な方法を用いても不確かさはありません. 一方, 現実に集められるのは, 限られた件数の手書きパターンです. どのようなパターンを訓練データにするか, つまり集めたデータが, 得られる入出力関係の振舞いを左右します. 訓練データの集まりが予測結果の不確かさに影響します.

　機械学習システムの振る舞いが期待する入出力関係の近似であることは, 入力に対して確定的な結果を返す従来のプログラムと異なる特徴です. 一般に, プログラムの品質は出力結果（不具合が生じるか否か）によって評価します. 機械学習システムの品質を論じるときは, 従来と異なる見方が必要です.

　今, 画像データを C 個のカテゴリに分類する学習タスクを考えます. 訓練済み学習モデルは入力画像を特定のカテゴリに分類する確率を求める手順です. 従来のプログラムのように確定的な結果を返すと, 期待する分類カテゴリに対する確率は1で, それ以外は0です. 実行結果から不具合か否かを決めるので, 正しい (1) か誤り (0) かのどちらかです.

　分類学習の場合, 実行結果は分類確率ですから, 判定結果も二者択一で決まることはありません. 訓練済み学習モデルは近似的な関係を表すので, 分類確率は0から1の値区間のどれかです. 不具合か否かを判断するには, 分類確率の大きさを指定する正解の基準（閾値）を決める必要があります. 閾値を決めてはじめて, 不具合か否かの判断ができます.

ブラックボックス性

　学習の方法を簡略化すると, 訓練データセット D と学習モデル $Y(W; \_)$ から学習パラメータ W^*, あるいは訓練済み学習モデル $Y(W^*; \_)$ を求めることにな

ります．学習モデル $Y(W; \_)$ を所与とすると，訓練データセットから訓練済み学習モデルを自動的に得ることといえます．

アカウンタビリティ　従来のソフトウェア開発であれば，プログラマが，機能仕様 S をもとにプログラム P を構築しました．このプログラム作成過程でプログラマが行った設計上の決定を説明でき，原理的には，仕様からプログラムへの追跡性 (Traceability) を明らかにすることができます．この記録を調べると，どのようにして S を P に作り込んだかがわかり，プログラムが仕様を満たすことを確認できます．仕様からプログラムへの変換過程を厳密に表現し，変換理由を理解可能にする研究では，このような技術をアカウンタブルな (Accountable) 変換と呼びます[9]．

また，従来のプログラム実行には，透明性 (Transparency) があります．入力したデータの処理流れを調べてプログラム P の振舞いを確認でき，結果を導いた理由の解釈可能性 (Interpretability) があります．透明性と解釈可能性を合わせて，プログラム実行に関わるアカウンタビリティ (Accountability) ということがあります．

機械学習の方法　DNN 機械学習過程は，ブラックボックス化していて，この透明性や解釈可能性あるいはアカウンタビリティが成り立ちません．訓練データセット D から学習パラメータ W^* の求め方が数値最適化に基づいており，極めて大きな状態空間中を探索して解を得ることが理由です．

また，「(D の）どこかを変更すると，(W^* の）全体に変化が及ぶ (Change Anything, Change Everything, CACE)」という性質があります．仕様に相当する D の変化がプログラムに相当する $Y(W^*; \_)$ に，どのように影響するかを知ることが困難です．さらに，$Y(W^*; x)$ はデータ x を入力とする非線形関数ですが，入力から出力への処理流れが明らかでなく，実行時のアカウンタビリティを示しません．

この実行時の振舞いに関連して，狼と犬のハスキー種の画像を分類する面白い実験[10]があります．訓練データ D に含まれる狼の画像すべてが雪景色の背景だったとき，雪上のハスキー犬の画像 x を入力すると，$Y(W^*; x)$ は高い確からしさで狼に分類しました．私たちの素朴な期待とちがって，訓練済み学習モデル

9) Barbara S.K. Steele: Accountable Source-to-Source Transformation System, AITR-636, MIT 1981.
10) Marco T. Ribeiro, Sameer Singh, and Carlos Gustrin: "Why Should I Trust You?" Explaining the Predictions of Any Classifier, arXiv:1602.04938v3, 2016.

$Y(W^*; \_)$ は，雪景色か否かで狼かハスキーかを予測していたのです．

　なお，機械学習の透明性や解釈可能性は説明可能 AI (Explainable AI, XAI) と呼ばれる傘テーマ下で，基礎的な研究が進められています[11]．説明可能 AI の技術が確立すると，不具合の原因究明が容易になると期待できます．

3.1.2　学習データ構築

　次に，学習データ構築時に注意すべき事柄に目を向けます．

合目的性

　機械学習ソフトウェアに限らず，一般に，ソフトウェア開発は，ソフトウェア・システムが提供する機能・性能への期待を整理することから始まります．このようなユーザーの期待を，ソフトウェア要求 (Software Requirements) あるいは要求 (Requirements) と呼びます[12]．最終的な開発成果物（プログラム）は要求仕様を満たさねばなりません．ソフトウェア開発は要求に対する合目的性と切り離して議論できません．

　機械学習ソフトウェアでは，学習データ（訓練データセット）の違いが，訓練済み学習モデルの機能振舞いに影響するので，訓練データセットが仕様を決めると考えられます．逆からの表現ですが，「選択したデータセットに偏りがあるのは仕様の欠陥である」という言葉[13]もあります．

　学習タスクに合わせて適切な学習モデルを選ぶことも重要ですが，機械学習ソフトウェア開発では，学習データを注意深く整備し選択することが大切です．すなわち，訓練データセットに，機能仕様に関わる情報が埋め込まれているとし，合目的性を学習データに見出すことです．

特徴量

　今，一次生成物の原データが与えられたとします．何を原データとして選ぶか，何を素材とするかは，ユーザーがシステムに何を期待するかによります．こ

---

11) Alejandro B. Arrieta, et al.: Explainable Artificial Intelligence (XAI): Concepts, Taxonomies, Opportunities, and Challenges toward Responsible AI, arXiv:1910.10045v2, 2019.

12) 中谷多哉子，中島震：第 4 章，ソフトウェア工学，放送大学教育振興会 2019.

13) James J. Heckman: Selection Bias as a Specificaion Error, *Economics* 47(1), pp.153-161, 1979.

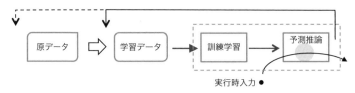

図 3.1 学習データから訓練学習へ

こでは，原データの選び方については触れないこととし，原データから学習データを得る過程（図3.1）に注目します．

この作業は，原データから目的達成に不可欠な情報を整理し，多次元ベクトル空間を定義することです．従来ソフトウェアの開発との対応で考えると，基本的なデータ項目の整理です．このデータ項目は特徴量 (Features) と呼ばれ，具体的には，多次元ベクトルの成分（要素）です．原データから多次元ベクトルへの変換方法の整備といえます．

特徴量の整理・整備は属人性の高い作業で，機械学習ソフトウェア開発の阻害要因となっていました．予測推論性能が向上するように特徴量を選ぶこと（特徴選択），不要な特徴量を削除すること（次元削減）など，試行錯誤を要する作業でした．ここで次元削減は訓練学習の実行性能向上を目的とした処理対象データの軽量化です．

DNN の面白さは，従来の機械学習方法に比べて，特徴量の事前抽出（あるいは設計）が簡略化されることにあります．DNN 学習モデルの前半（入力に近い部分）は，入力の多次元ベクトルから内部（隠れ層）特徴表現を抽出する表現学習 (Representation Learning)[14]を担います．後半（出力に近い部分）は内部特徴表現から目的タスクの学習です．

ところが，一般に，原データを適切に整理し，その結果として得られた特徴量を入力に用いると，表現学習を効率よく行えます．表現学習が自動化されるからといって，原データを闇雲に入力すればよいわけではありません．また，応用対象の特徴についての研究が進み，標準的な入力データ表現が明らかになった分野があります．画像認識では入力データはピクセルの二次元配列で内部特徴量は図形のエッジや面といった低レベル表現，自然言語処理では入力は文字列あるいは単語の列で内部特徴量は分散表現，といった具合です．

---

14) Ian Goodfellow, Yoshua Benjio, and Aaron Courville: Ch.15, *Deep Learning*, The MIT Press 2016.

ラベル付け

　教師あり機械学習では，多次元ベクトル x に正解タグ t を対応させた教師デー
タを整備します．正解タグは基礎真値 (Ground Truth) から定められ，この対応
つけ処理作業をラベル付け (Labeling) といいます．

　ラベル付けが適切かは合目的性と関わります．素朴には，基礎真値は天下り的
に付与する正解値です．ラベル付けが不適切だと，予測推論性能が低下するだけ
でなく，期待する機能振舞いを示すことができません．何を正解とするか，意図
通りの正解がラベル付けされているかが問題です．ラベル付けは，目的に合致し
た明確な方針に沿って行われます．

　従来のソフトウェアテスティングでは，入力 x に対する正解 t を明らかにす
ることが大切で「テストケース設計」作業で注意深く進められます．このテス
トケース設計の拠り所は開発対象の仕様書です．ソフトウェア開発のV字モデ
ル[15]は，この仕様書とテストケース設計の関係を明確にしたもので，品質確認
の枠組みを与えます．なお，有効な検査に使えない不適切なテストケースは，薄
っぺらなテストケース (Flaky Test Cases)[16]と呼ばれ，テスティングの実務で
大きな問題となっています．

　ラベル付けが意図通りかの確認は，役立たないラベル，薄っぺらなラベル
(Flaky Labels) の検出といえます．従来のテスティング技術の場合と同じで，
ラベル付けの確認に万能薬はなく，人手で慎重に行う作業です．

データ点

　データ点 (Data Point) は，多次元ベクトル x と正解タグ t の組 $\langle x, t \rangle$ で，デー
タ点ひとつひとつが機械学習コンポーネントに影響します．

欠損データ　原データから学習データを整理・整備する過程（図 3.1）で，デジ
タルデータの品質が問題となります．画像がピクセルの集まりからなるように，
原データは概念的には複数の値の集まりです．膨大な数の学習データすべてをみ
たとき，値が完全に揃っていないかもしれません．たとえば，測定機器の間欠的
な不具合が原因の不確定値，未記入項目のあるアンケート帳票など，原データが
欠損を伴うことがあります．

　訓練学習にデータを使うとき，未定の値を扱えないことから，欠損データに対

---

15) 中島震：第3章, ソフトウェア工学から学ぶ機械学習の品質問題, 丸善出版 2020.
16) Qingzhou Luo, Farah Hariri, Lamyaa Eloussi, and Darko Marinov: An Empirical
　　Analysis of Flaky Tests, In *Proc. 23rd FSE*, pp.643-653, 3014.

して，さまざまな対策が考えられます．不確定値を自動的に補う仕組みを持つ学習機構，人手で補って完全なデータにする方法，欠損データを学習データの対象からあらかじめ除去する方法などです．学習データの品質を論じる際には，このような欠損を伴う可能性を考慮します．

ターゲット漏洩　次に，ターゲット漏洩 (Target Leakage)，データ漏洩 (Data Leakage) あるいは単に漏洩 (Leakage) という状況を紹介します．一般に，利用してはならない情報が訓練データに漏れることです[17]．

　訓練データの特徴量選定は合目的性が関わり，人手の作業が介在します．正解タグ（被説明変数）に直接関わる情報を，訓練データが特徴量（説明変数）として持つかもしれません．予測結果と相関の強い情報を利用して訓練学習したことになり，予測推論性能が高くなるでしょう．予測結果を事前に知っていることと似ていて，「不正」ですから，ターゲット漏洩が生じないように作業します．

合目的なラベル付け　学習データのラベル付けでは，対象の個数が膨大なことが新たな問題になります．通常の作業では，個々のベクトルデータ x の対応付けを，他のデータ x' への対応付けと独立して行います．多くの場合，何人もの作業者が同時並行してラベル付けを行うでしょう．一方で，x と x' とが「近い」実体を表す場合，各々に対応する正解タグ t と t' の間に何らかの関係が成立するはずです．たとえば，「同一」ラベルなどを保証します（ラベル付けの一貫性）．

　画像データでは，画像が持つ特徴が興味深い問題を生じます．遠近法の問題は，たとえば，路上物体の分類タスクで自動車を認識するとき，対象の大きさがどのくらいであれば取扱い対象として適切かに関わります．擬似対象の問題は，たとえば，路上の広告看板に描かれた自動車を認識対象とすべきかです．これらの問題は，目的とするアプリケーション機能に依存します（アプリケーション依存性）．要求仕様との合目的性で，どのようにラベル付けするかを決めます．

標本選択バイアス

　訓練学習の対象は単独のデータ点ではなく，多数の集まりからなるデータセットです．3.1.1 項でも考察しましたが，データ分布に関わる品質観点をあらためて整理します．

　訓練データセットは原データを加工した学習データ（図3.1）から構成され

17) Shachar Kaufman, Saharon Rosset, and Claudia Perlich: Leakage in Data Mining: Formulation, Detection, and Avoidance, In *Proc. 17th KDD*, pp.556-563, 2011.

る標本 (Sample) です．その収集方法によっては，未知の母分布に対して大きな偏り (Bias) があるかもしれません（標本選択バイアス）．偏りは仕様の誤り[13]で，この訓練データセットは開発目的に合わないかもしれません．期待する予測性能を示さない可能性があります．

　仮に訓練データセットを事後的に機能仕様と同一視し，機械学習ソフトウェア開発時の試験データに対しては良い予測推論性能を示したとします．その後の運用過程で，入力のデータ分布が変化すると（データシフト），性能が劣化します．シフトが大きいと劣化の度合いも大きくなります．訓練学習時に，あらかじめ運用時に遭遇するかもしれない入力データの多様性を適切に取り込んだ訓練データを用いることが期待されます．

外れ値

　学習データは原データから整理するもので，自然獲得するのではなく，開発対象が期待する機能振舞いを示すように，合目的に構築した二次生成物です．学習データ選択の目的依存性を示す例を紹介します．

　与えられたデータ分布に対して出現確率の小さいデータを，外れ値 (Outliers) と呼びます．分布確率が既知のとき，確率密度関数に対して計算した尤度 (Likelihood)[18]が別途決めた閾値よりも小さいとき，外れ値であると判定すればよいでしょう．ところが，機械学習ソフトウェアの問題では，学習データの分布確率を知ることが難しいので，外れ値を判定する経験的な方法[19]を利用します．

目的依存性　学習データから何らかの方法で外れ値を抽出したとしましょう．外れ値は例外的なデータの一種なので，外れ値でないデータを多数派データと呼ぶことにします．データ分布が正規分布（図 1.1）と仮定すると，外れ値は両側の裾野に位置し，多数派データは中央付近の高い山に相当します．

　訓練データ中の外れ値の割合が小さいとは，バラツキが小さいことです．運用時の入力データが多数派の領域に入っていれば，そのような訓練データを用いて訓練学習したことから，良い予測の確からしさを得ると期待できます．一方，外れ値に位置する裾野のデータが入力されると，訓練データが不足していることから予測の確からしさが低下しそうです．訓練データの整備あるいは選択過程で，外れ値をどのように取り扱うかで予測性能が影響を受けます．

　仮に外れ値を学習データから除去すると，その外れ値が示す興味深い性質が消

18）東京大学教養学部統計学教室（編）：第 11 章, 統計学入門, 東京大学出版会 1991.
19）Charu C. Aggarawal: *Outlier Analysis (2nd ed.)*, Springer 2017.

えてしまいます．たとえば，商品購買と在庫の時系列を記録したデータがあるとき，在庫に残っているロングテール (Long-tail) のデータを外れ値として除去すると，長い時間経過に関わる分析ができなくなります．どのように外れ値を考慮するかは，目的依存で判断すべきことです．

コーナーケースデータ　外れ値と似て非なるものに，コーナーケース (Corner Case) あるいはエッジケース (Edge Case) のデータがあります．分類学習タスクの訓練済み学習モデルが，互いに異なる分類結果を導くデータを分断する超平面 (Hyper-plane) を，分離境界 (Separation Boundary) と呼びます．このとき，分離境界の近傍データがコーナーケースに位置します．データの分布によっては，外れ値がコーナーケースデータのこともあれば，そうでないこともあります．また，外れ値はデータ分布に関わる性質であり，統計的な方法で推定します．一方，分離境界は訓練学習の結果として得られるのですが，一般には，明示的に表現することが困難です．

　コーナーケースは，従来のプログラムであれば，プログラム処理流れの分岐条件を知ることで発見できました．一方，DNN ソフトウェアの場合，特定のデータ x を入力し，$Y(W^*; x)$ の内部活性状態から推測する方法を応用します．

3.2　品質の考え方

　機械学習ソフトウェアの予測出力値は確定的ではなく，不確かさを伴うとするので，品質の考え方が従来ソフトウェアとは異なります．

3.2.1　基本的な品質観点

　DNN モデルの基本的な品質は，モデル正確性ならびにモデルロバスト性という 2 つの観点から調べます．いずれも訓練学習後に行う経験的な検査で，従来のソフトウェアテスティングと同様に，テストケース（評価用データ）の選び方が検査結果に影響します．品質検査の目的に合った適切な評価用データを整備することが大切です．

モデル正確性

　学習結果 $Y(W^*; \_)$ は近似的な入出力関係です．ここでは，C 個のクラスへ

の分類学習を考えて，具体的な入力データ a に対する予測の確からしさを C 次元ベクトル P_a で表します ($P_a \equiv Y(W^*; a)$).

予測正解　a の分類正解を u とすると，ベクトル P_a の u 成分の値 ($P_a[u]$) が最大となるとき，$Y(W^*; a)$ は正解を導きます．

$$u = \underset{c \in [1, C]}{argmax}\, P_a[c] \tag{3.4}$$

この予測確率ベクトル P_a は分類結果の品質を考える基本的な情報を与えます．ところが，この定義では，他との比較で大きければ正解とするので，分類確率の値が 0.5 よりも小さくても正解と判断されるかもしれません．直感的には，正解タグに対応するカテゴリの分類確率値が大きいほど正確で，訓練済み学習モデルの品質が良いといえます．

正確性の評価指標　分類結果の確からしさに関わるモデル正確性 (Model Accuracy) を考えます．評価用データの集まりを E ($E = \{\langle a^{(m)}, u^{(m)} \rangle\}$) とし，$E$ から得られる評価結果の集まりを $O[E]$ とします ($O[E] = \{\langle P_{a^{(m)}}, u^{(m)} \rangle \mid \langle a^{(m)}, u^{(m)} \rangle \in E\}$). 評価用データ全体に対して，式 (3.4) によって調べた情報から正確性を考えます．

　評価用データは単に正解を導く場合だけではなく，不正解になることの確認にも使います．一般に 4 つの可能性があり，正解データ点を正解と予測する (True Positive, TP)，不正解データ点を不正解と予測する (True Negative, TN)，正解データ点を不正解と予測する (False Negative, FN)，不正解データ点を正解と予測する (False Positive, FP)，です．2 行 2 列の表形式で示し，混同行列 (Confution Matrix) と呼びます．

　評価には，この 4 種類の結果から計算できる次のような指標を使います．評価データ数を M とするとき ($M = \mathrm{TP} + \mathrm{TN} + \mathrm{FN} + \mathrm{FP}$)，正解率 (Accuracy) は $(\mathrm{TP} + \mathrm{TN})/M$，適合率 (Precision) は $\mathrm{TP}/(\mathrm{TP} + \mathrm{FP})$，再現率 (Recall) は $\mathrm{TP}/(\mathrm{TP} + \mathrm{FN})$，特異率 (Specificity) は $\mathrm{TN}/(\mathrm{TN} + \mathrm{FP})$，F 値 (F-measure) は適合率と再現率の調和平均で $2 \cdot \mathrm{Precision} \cdot \mathrm{Recall}/(\mathrm{Precision} + \mathrm{Recall})$ です．

　上記以外の指標として，TP の評価用データについて，正解となる予測確率の平均値 $\overline{P_{a^{(m)}}[u^{(m)}]}$ や，正解クラスごとの正解予測確率の平均値のバラツキを示す Gini 不純 (Gini Impurity) を使うこともあります．

目的に応じた評価　分類学習タスクでは，正解率がわかりやすい指標ですが，予測確率が小さくても式 (3.4) は正解と判定します．対象によっては，Gini 不純を下げて，正解の間でのバラツキを小さくしたいことがあります．また，複雑な画

像分類では正解率がよくないことがあり，上位3つの成分 (Top-3) に正解タグが含まれていれば正解と判断することもあります．モデル正確性の具体的な評価の方法は，取り扱っている学習タスクの特徴に合わせて考えます．

さて，一般には，評価用データ E によるモデル正確性の検査に先立って，汎化性能の確認を行います．先に述べたように，試験データセット T を用いて正解率あるいは正解となる予測確率の平均値を調べます．なお，訓練データセットを D とするとき，T と D は同じデータ分布にしたがうと仮定しました．一方，評価用データ E は，不正解タグを伴うデータ点を含む場合を考えることからわかるように，D と同じデータ分布になりません．モデル正確性の検査を目的として，別途，構築・整備すべきデータです．

モデルロバスト性

モデルロバスト性 (Model Robustness) は，基準データの分類確率と，関心対象データの分類確率との違いを指標とする性質です．モデル正確性ではわからない特徴で，訓練データに過適合しているとモデルロバスト性が悪くなります．以下，画像データを考えます．

ロバスト半径 基準画像データと対象データの違いを測定する指標があると仮定します．画像データは多次元ベクトルで表されるので，ベクトル間の距離を指標に用いればよいでしょう．データの距離が小さければ似た画像であり，分類確率の違いも小さいと期待できます．逆に，データ間の距離が近いにも関わらず，分類確率が大きく異なると，入力データの少しの違いが分類確率の大きな差として表れます．感度 (Sensitivity) が高く，モデルロバスト性が悪くなります．

モデルロバスト性は，最大ロバスト半径 (Maximum Robust Diameter) で説明できます．この半径は，分類確率の差が与えられた定数 ϵ よりも小さいデータとの最大距離です．基準の多次元ベクトルを中心とする多次元空間の円（ハイパー球）の中に対象データが含まれている状況です．定数 ϵ を決めたとき，この円の半径が大きければ，モデルロバスト性が良いことになります．画像分類では同じ予測分類結果になる最大の半径とすればよいでしょう．

画像データの違いを多次元ベクトルの距離としましたが，距離の定義は1通りではありません．どの定義を採用するかで，同じデータに対する指標の値が異なるので，距離の定義として選んだノルム L_p によって最大ロバスト半径が変わります．対象の特徴に応じて適切な距離定義を選ぶことが大切です．

予測ロバスト性 上記の方法は2つのデータに着目しているので，局所的なロ

バスト性 (Local Robustness) です．これに対して，大域的なロバスト性 (Global Robustness) があります．特定の画像データを基準に選ぶのではなく，評価に用いるデータ全体を対象としてモデルロバスト性の指標を測定します．任意に選んだ 2 つのデータに対する局所的なロバスト性の最大ロバスト半径を求め，この最大ロバスト半径の最小値をロバスト性の指標とします．大域的なロバスト性が分類の予測結果に関わる訓練済み学習モデルの性質であることを強調して，予測ロバスト性 (Prediction Robustness) ということがあります．

　なお，ロバスト性という用語は，プログラムロバスト性 (2.1.1 項) のように，さまざまに使われます．混乱しないようにして下さい．

敵対ロバスト性　次に，対象の画像データの特徴から，局所的なロバスト性を再考します．最初に，敵対データを考えます．動物画像を分類するように学習した訓練済み学習モデルが，パンダと手長ザルを混乱する例が有名です．正解タグがパンダの基準データに微小な敵対擾乱を加えたデータを作成すると，人の目にはパンダと見える画像を得ます．この画像データを先の訓練済み学習モデルに入力すると，手長ザルに分類するというものです．

　付加した擾乱が小さく，基準データと敵対データの距離が近ければ，予測分類結果はともにパンダとなるかもしれません．敵対擾乱は微小なノイズでありながら誤予測を導き，人による目視で気づかないような敵対擾乱を生成する方法が研究されました[20]．このような敵対擾乱から生じる 2 つのデータの距離に対して，最大ロバスト半径の定義が可能で，敵対データを対象としたロバスト性を敵対ロバスト性 (Adversarial Robustness) と呼びます．

欠損ロバスト性　基準データの一部の情報が欠落した欠損データを用いてモデルロバスト性を考えることもでき，欠損ロバスト性 (Corruption Robustness) といいます．そもそも，モデルロバスト性は，基準データと違いのある入力データを対象とする品質観点です．どのような違いを考えるかで，さまざまなロバスト性を導入することができます．このような異なる特徴のデータに対するロバスト性が，互いにどのように関連するかは残念ながら，明らかになっていません．今後の研究が必要です．

経験ロバスト性検査　モデルロバスト性の検査では，評価用データを準備して経験ロバスト性 (Empirical Robustness) を調べます[21]．今，a を基準データとす

---

20) 中島震：第 6 章，ソフトウェア工学から学ぶ機械学習の品質問題，丸善出版 2020.

21) Jingui Wang, Jialuo Chen, Youcheng Sun, Xingjun Ma, Dongxia Wang, Jun Sun, and Peng Cheng: RobOT: Robustness-Oriented Testing for Deep Learning Systems,

るとき，a と差のあるデータ a' を生成し，集めた評価用データを $E = \{\langle a, a' \rangle\}$ とします．たとえば，敵対ロバスト性の場合，試験データセット $T = \{\langle a^{(m)}, u^{(m)} \rangle\}$ からクリーンデータ $a^{(m)}$ を基準データに選び，敵対データ擾乱追加の加工を施して $a^{(m)\prime}$ を得ます．各々の予測確率を求め，予測正解タグが同じになる最大の $\|a^{(m)} - a^{(m)\prime}\|_p$ を計測して，敵対ロバスト半径 $\delta^{(m)}$ とします．大域的なモデルロバスト性の評価では，$\delta^{(m)}$ の最小値を求めます．

3.2.2　欠　陥　の　原　因

モデルの欠陥

　機械学習システムの品質観点として，訓練済み学習モデルを対象とするモデル正確性とモデルロバスト性を説明しました．これらの観点で不具合があった（指標の値が期待通りでなかった）場合，訓練済み学習モデルのどこかに欠陥が隠れています．訓練済み学習モデル $Y(W^*; \_)$ の欠陥を，モデル欠陥 (Model Faults) と呼びます．

　品質向上には，モデル欠陥を見つけて改修するモデルデバッグ (Model Debug) の作業を要します．このモデルデバッグ作業は従来のプログラムデバッグとは大きく異なります．プログラムはソフトウェア技術者が作成した開発生成物です．その作成過程で混入した欠陥の除去がデバッグ作業で，プログラム中の欠陥箇所を見つけて修正します．一方，デバッグ対象の訓練済み学習モデルは，技術者が作成した生成物ではありません．学習の結果として自動的に得られるので，モデル欠陥は結果であり不具合の根本原因ではありません．

根本原因　モデル欠陥は根本原因の違いによって，構造的な欠陥と訓練上の欠陥に分類できます[22]．ただし，学習機構（数値最適化の問題解法）には欠陥がないと仮定し，根本原因が学習モデルにあるか訓練データにあるかの違いです．実際には，数値最適化問題を解くプログラムに，数値計算誤差などの欠陥があるかもしれません．この問題に対しては，プログラムロバスト性の観点からコーナーケース検査を行う研究があります[23]．

　構造的な欠陥 (Structural Faults) は，解きたい学習タスクに対して適切な学

　　arXiv:2021.05913, 2021.

22) Shiqing Ma, Yingqi Liu, Wen-Chuan Lee, Xiangyu Zhang, and Ananth Grama: MODE: Automated Neural Network Model Debugging via State Differential Analysis and Input Selection, In *Proc. ESEC/FSE*, pp.175-186, 2018.

23) 中島震：第 3 章, ソフトウェア工学から学ぶ機械学習の品質問題, 丸善出版 2020.

習モデルを採用しなかったことが原因です．一般に，出力の分類確率がすべて0になるような極端に不適切な学習モデルは考えにくいです．そこで，準最適な学習モデル (Sub-optimal Models) という言い方をします．準最適の度合いが向上するような学習モデルを探し出すこと，そのように学習モデルを修正する「デバッグ」を行います．

　訓練上の欠陥 (Training Faults) は，学習に用いた訓練データが適切でないことが原因です．学習モデルを決めると，訓練済み学習モデルの機能・振舞いは訓練データセットによって決まります．そこで，標本選択バイアスのような不適切な状況を，仕様の誤り[13] と考え，訓練データセットを「デバッグ」します．

欠陥の類別

　一般に IT システムに対して，故障あるいは欠陥を2つに分類しました（2.1.1項）．装置等の物理的な実体を対象とした偶発的な欠陥と，システム開発過程で混入する系統的な欠陥です．ソフトウェアシステムの不具合は後者の系統的な欠陥が原因です．不具合は，期待する機能を果たさないこと，定められた機能仕様を満たさないことです．

入力検査　機械学習では，モデルロバスト性として現れるように，訓練学習時に想定しなかった未知データに対して，暗黙の要求通りに機能・振舞いを示すことが期待されます．ところが，極めて悪いモデルロバスト性を示すデータが運用時に入力されるかもしれません．訓練データのデータ分布と異なる特徴を持つデータが入力される状況，すなわち訓練データセットを仕様とみなすので，仕様で想定されていないデータが入力されることです．

　ここで，仮に，規定の仕様にしたがうデータだけを処理すると考えましょう．従来のソフトウェアシステムでは，入力データが満たすべき性質を機能仕様として明示します．そして，入力データが仕様を満たしているかを調べる入力妥当性 (Input Validation) の検査を行い，仕様を満たさないデータを排除したり，例外処理を施したりするプログラムを作成します．

　機械学習は，訓練に用いなかったデータを受け付け，本質的に入力検査という考え方と相性がよくありません．訓練データセットが仕様を内在するという理由で，訓練データのみを受け付けるとしましょう．そもそもの機械学習の柔軟性を失いますし，汎化性能を考える必要がないので訓練データセットに過適合する場合が良い結果になります．これは期待と反します．

　一方，まったく異なる特徴のデータに対しても適切なモデルロバスト性を示す

べきと主張するわけではありません．たとえば，アラビア数字の手書きパターンを分類する問題を扱っているとき，漢数字の手書きパターンは想定しません．現実には，入力データに対して，ある妥当な範囲での緩い条件が暗黙に課されています．機械学習では，このような条件の明示が難しいことが問題点です．

分布の逸脱 本書では，運用時の好ましくない入力データによるモデルロバスト性の低下が，機械学習が示す欠陥の特徴のひとつと考えます．訓練データセットのデータ分布が仕様に対応すると考えて，この欠陥を，分布逸脱 (Out-of-Distribution) によって仕様を暗黙に満たさない欠陥，分布逸脱の欠陥と名づけます．学習データを構築する立場では系統的な欠陥である一方，データ分布に起因する確率的な振舞いが関わるという点で偶発的な欠陥ともいえます．分布逸脱の状況かを検査する方法は，重要な研究テーマのひとつです[24]．

なお，訓練・学習時に用いた学習データと運用時データの特徴が異なる状況は，データセット・シフト (Dataset Shift)，データ・シフト (Data Shift)，ドメイン・シフト (Domain Shift) などと呼ばれています．このようなシフトがもたらす品質低下を緩和する技術の研究[25]が機械学習の基本的なテーマとして進められています．

3.3 成果物の利用

開発成果物の利用から，機械学習ソフトウェアの特徴をみていきます．

3.3.1 保守と再利用

ソフトウェアシステムの継続運用に注目するソフトウェア保守と，開発時に既存の成果物を活用する再利用という 2 つの側面があります．

ソフトウェア保守と再利用

ソフトウェア工学は，複数の版のプログラムを多人数で開発する工学的な方法

24) Yuchi Tian, Ziyuan Zhong, Vicente Ordonez, Gail Kaiser, and Baishakhi Ray: Testing DNN Image Classifiers for Confusion & Bias Errors, arXiv:1905.07831, 2020.
25) Joaquin Quinonero-Candelta, Masashi Sugiyama, Anton Schwaighofer, and Neil D. Lawrence(eds.): *Dataset Shift in Machine Learning*, The MIT Press 2009.

の確立を目指しました[26]．大規模なソフトウェアシステムの開発は多くの技術者が長い期間にわたって行います．膨大な開発費用を回収することから，長期間運用します．運用中に生じた問題点を改修したり，システムへの要求変化によって新しい機能を追加したりする作業を繰り返します．また，開発時に，実績のある既存プログラムや開発成果物を活用して，品質の高いソフトウェアシステム開発の生産性向上を工夫します．

適応保守　ソフトウェアシステムの長期運用を支えるソフトウェア保守の技術は，作業目的によって，是正保守，予防保守，完全化保守，適応保守の4つに分類されます[27]．

　一般に，保守作業とは，装置機器の劣化や故障の有無を定期的に調べ，欠陥部品を修繕したり交換したりして，不具合を未然に防ぐことです．一方，ソフトウェアシステムは故障せず，不具合の原因はプログラムの欠陥です．是正保守 (Corrective Maintenance) と予防保守 (Oreventive Maintenance) は基本的に欠陥の修正です．

　完全化保守 (Perfective Maintenance) は，性能や保守性の向上を目的とし，機能を変更しない修正作業です．適応保守 (Adaptive Maintenance) は，利用環境や要求の変化に合わせてソフトウェア製品を使用し続けるように保つ作業で，欠陥修正というよりは機能追加が中心で開発に似た作業です．ソフトウェア発展 (Software Evolution) と呼びます[28]．

再利用の対象　ソフトウェア開発では，設計情報や実行可能なプログラムを新規開発に活用することで，生産性を向上させます．設計情報は数多くの種類があり，役立つ有用な情報を利用することで，新規プログラム作成に関わる設計の手間を省けます．また，実行可能なプログラム部品を利用するプログラムライブラリの方法では，ライブラリ部品をそのまま使います．

　大規模な業務ソフトウェアでは，アプリケーションパッケージの顧客向けカスタマイズという方法があります．たとえば，会計パッケージの基本的な機能は共通ですが，業種や使用する部署向けに細かな調整が必要なことが多いです．データベースの項目・出力する帳票の形式や業務フローが異なります．会計パッケージ提供ベンダーは，ベースとなるプログラムを保有しており，顧客の要望に合わ

---

26) 中谷多哉子，中島震：ソフトウェア工学，放送大学教育振興会 2019.
27) JIS X 0161 (ISO/IEC 14764:2006)，ソフトウェア技術-ソフトウェアライフサイクル-保守，2008.
28) 片山卓也：発展ドメイン：ソフトウェア発展のための理論的枠組み，コンピュータソフトウェア，21(3), pp.11-21, 2014.

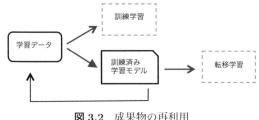

図 3.2　成果物の再利用

せてオプション機能を選択したりプログラムを追加作成したりします．

機械学習での保守と再利用

　機械学習ソフトウェアでも，継続運用への対応や成果物の再利用によって，長期の安定運用や開発の効率化を実現します．学習データと訓練済み学習モデルという異なる特徴を持つ成果物が保守と再利用の対象です．

学習データの再利用　学習データは訓練学習に使われる中間的な成果物です．学習データの整備には多大な工数と技術的な工夫（3.1.2 項）が関わることから，再利用可能なアセットとして維持管理します．機械学習コンポーネント開発後の評価（3.2.1 項）で期待通りの品質に達しない場合，学習データを改訂し，再学習 (Re-learning) を実施します．また，運用開始後に機能拡充の必要性が生じた場合も，学習データ改訂・再学習を行います．さらに，学習データは，それ自身が成果物となって積極的に流通することもあります．ベンチマーク用学習データセットとして公開し新たな研究開発を促したり，従来のデータベースと同様に利用可能なデータセットとして流通したりします．

　学習データを再利用する際に，学習データの品質と権利の問題が生じます．何らかの欠陥を含む学習データを利用して構築した機械学習システムが期待する品質レベルを示さなかったとき，責任は学習データ提供者にあるのでしょうか，あるいは利用した側でしょうか．学習データは合目的に整備されますから，当初の目的を逸脱した使い方によって不具合が生じるかもしれません．従来のソフトウェアと違って，学習データの品質を客観的に定めることは容易ではありません．また，公開あるいは流通する学習データがパーソナルデータを含む場合，データ主体の権利を侵害していないことを保証する必要があります（2.2 節）．

事前訓練モデルの再利用　学習の結果として得られた訓練済み学習モデルは，機械学習システムに組み込まれて利用されます．また，事前訓練済みモデル (Pretrained Model) あるいは事前訓練済みネットワーク (Pre-trained Network) として再利用されることもあります.

知識蒸留 (Knowledge Distillation) は,事前訓練済みモデルと入出力関係が同じで小規模の学習モデルを得る方法です[29].外部からの振舞い等価な学習モデルを得るといってもよいでしょう.また,規模を小さくするので,モデル圧縮 (Model Compression) に応用できます.

モデル圧縮は,計算資源の効率的な使用が目的という点で,完全化保守のひとつです.一般に,学習データの量が膨大で学習モデルが複雑・巨大になると訓練学習の処理が多くの計算資源を要し,クラウド環境で訓練学習処理を実行します.一方で,運用時には,小型のコンピュータシステムやエッジコンピュータを使うことがあります.訓練済み学習モデルの規模が大きいと,メモリ容量が不足することからモデル圧縮が必須です.

3.3.2 転 移 学 習

訓練データや学習モデルの規模が大きくなると学習効率が問題になります.既存の学習結果に関わる何らかの情報を利用あるいは転用する方法の確立が望まれます.機械学習の分野では,転移学習 (Transfer Learning) と総称します[30].既存の学習結果に関する情報(元ドメイン)を利用して,新しい問題(目的ドメイン)の学習効率を向上させる技術です.DNN を対象とする深層転移学習 (Deep Transfer Learning)[31]では,概念シフトあるいはドメイン適応を中心に研究が進められています[32].転移学習は適応保守を支える技術といえます.

追加学習での利用

学習結果の訓練済み学習モデルは,非線形関数を多層ニューラルネットワークで表現したもので,これ自身が実行可能なプログラムです.学習モデルは重み値が未確定の多層ニューラルネットワークですから,詳しく見ると,訓練済み学習

---

29) Geoffrey Hinton, Oriol Vinyals, and Jeff Dean: Distilling the Knowledge in a Neural Network, arXiv:1503.02531, 2015.

30) S.J.Pan and Q.Yang: A Survey on Transfer Learning, *IEEE trans. KDE*, 2(1), pp.1345–1359, 2010.

31) Chuanqi Tan, Fuchun Sun, Tao Kong, Wenchang Zhang, Chao Yang, and Chunfang Liu: A Survey on Deep Transfer Learning, arXiv:1808.01974, 2018.

32) Wouter M. Kouw and Marco Loog: An Introduction to Domain Adaptation and Transfer Learning, arXiv:1812.11806, 2019.

モデルは学習モデルの骨格を作るネットワーク構造と訓練学習で得た重みパラメータ値にわけられます.

学習の手間　訓練データセット S_1 から訓練済み学習モデル $Y(W_1^*; \_)$ を得たとします. 次に, 訓練データを追加した訓練データセット S_2 ($S_2 \supset S_1$) を入力として追加学習する状況を考えます. ただし, 追加データ数は少なく, S_2 のほとんどは S_1 と共通としましょう.

訓練学習の重みパラメータ値を求める勾配降下法は, 初期値からの数値探索です. 追加学習でも適切な初期値を与える必要があります. ところが, S_2 と S_1 の違いが小さいので, 新たに求める重みパラメータ値 W_2^* は W_1^* に近いと期待できそうです. S_2 について学習を行うときの初期値として W_1^* を使うと, 収束までの繰り返し回数が少なくて済み, 訓練学習終了までの時間を短縮できます. つまり, 訓練学習の処理手間を軽減するという性能面の効果を得られます.

機能のカスタマイズ　追加学習の方法は, 従来ソフトウェアの顧客向けカスタマイズに対応するともみなせます. 最初に規模の大きな訓練データセット S_b で訓練し, 基本的な機能を実現する結果を得ます. その後, 顧客専用の訓練データ S_c を用いて追加学習します. たとえば, 自動運転車の路上物体認識を考えましょう. 試走道路から得た訓練データセット S_b で訓練して基本機能を学習した後, 実環境の道路データ S_c で訓練してカスタマイズするという例です. この方法は, 概念的には理解しやすいですが, 独立に整備されたデータセットを組み合わせて使うことから, 実務上の問題が生じます. ベースとなった訓練データ S_b とカスタマイズで用いる S_c とが整合的で利用可能なことを, 事前に確認しなくてはなりません (3.4.1 項).

ドメイン適応

ドメイン適応 (Domain Adaptation) は, 深層転移学習の代表的な方法です. ドメインは, 学習に用いる情報で, 訓練データセットと学習モデルの組とします. 深層転移学習は, 元ドメイン (Source Domain) での学習結果を目的ドメイン (Target Domain) の学習に活用する方法です. ここで, 元ドメインと目的ドメインが強く関連するとします. たとえば, 訓練データの多次元ベクトルは 2 つのドメインで同じ次元とします. 一方, 学習モデルは同じでなくてもよいです. 以下では, 学習モデルの内部機能を分解して考えます.

学習モデルを M と表します. 大規模なネットワーク構造をとるのですが, 入力層に近い E と出力層に近い C に分けると, 全体を見通す上で有用です. 関数

結合の表現を用いると，$M(x) = C \circ E(x) = C(E(x))$ と表記できます．

　元ドメインと目的ドメインで，学習モデルを分解して，転移学習する場合を考えましょう．最初の分解法は，入力層に近い E が2つのドメインで共通する場合です．たとえば，CNN を用いる画像分類の学習タスクでは，元ドメインが動物画像，目的ドメインが果物画像のように，異なる種類の画像であっても，前半の E は物体の輪郭検出などの共通機能を担います．そこで，元ドメインの学習結果 M_S から E_S を切り出して流用し，$M_T(x) = C_T \circ E_S(x)$ として，サブネットワーク C_T を新たに訓練すればよいです．この訓練過程では，流用する E_S の重みパラメータは更新しません．

　2つめの分解法は，出力に近い後半が共通する場合です．つまり，$M_T(x) = C_S \circ E_T(x)$ として，サブネットワーク E_T を訓練します．たとえば，自然言語の文章要約学習タスクで，元ドメインが英語，目的ドメインがフランス語のように異なる言語で書かれた文章を対象とする場合です．前半は言語ごとに処理の方法が異なりますが，後半は書かれた内容を解釈する機能を実現します．E_S ならびに E_T が，各々の言語の入力文の意味を表す内部表現に変換すれば，後半の機能 C_S はドメイン間で共通に利用できます．

分布のシフト

　学習データ分布に着目した学習の方法は，問題設定が明確で，理論的な研究[25] が進んでいます．訓練済み学習モデル M の実運用段階で，訓練データセット S_O のデータ分布から外れたデータが運用時に入力される場合が増えると，M の有用性が低下します．運用時の入力データの集まり S_R が示すデータ分布の変化に追随できるように M を求めるというアイデアです．

　基礎的な研究では，学習データの確率分布を既知とし，元ドメインと目的ドメインの母分布の違いを数学的に表現可能な場合を扱います．確率分布の変化に関する情報を利用して，元ドメインでの学習結果を系統的に修正する方法です．2つの確率分布の関係によって，事前確率シフト (Prior Shift)・共変量シフト (Covariate Shift)・概念シフト (Concept Shift) などの方法に分類されます．

　一方，実務上は，S_R のデータ分布を求めることは容易ではありません．たとえば，S_O のデータ分布を基準として外れ値となるデータの頻度が高いと，運用開始後に要求変化する場合に似ています．上記の分布シフトの研究成果を直接応用することは難しいですが，考え方を整理する上で参考になります．

流用の危うさ

　転移学習の方法は機械学習の危うさを増幅します．たとえば，年齢推測に使うという条件で一般の人から提供を受けた顔画像を集めて学習データとし，年齢推測を行う訓練済み学習モデルを得たとします．転移学習の技術，ドメイン適応の考え方で，人種推測を行う機械学習コンポーネントの構築に利用することも可能です．ところが，この人種推測の機能は，許諾を受けた顔画像の利用目的と異なります．目的外の利用 (Re-purposing) になり違反行為と判断されます．

　そもそも，転移学習は機械学習の特徴を活用した適応保守の技術ですが，強力な方法なので，不用意に利用すると，社会的に合意されている他者の権利を侵害する状況に陥るかもしれません．要注意です．

3.3.3　自然言語処理

　機械翻訳・文章要約・質疑応答などの自然言語処理 (Natural Language Processing, NLP) は，私たちの生活に直結する機械学習の代表的な応用分野です．技術の中心をなすニューラル言語モデルは，これまでに紹介した機械学習の方法と異なる特徴を持ちます[33]．その方法自体，大変興味深いのですが，ここでは，成果物の再利用という観点からみていきます．

ニューラル言語モデル

　NLP に深層ニューラルネットワークの方法を応用するとき，膨大な量の文章情報から学習したニューラル言語モデル (Neural Language Model, NLM) を構築します．たとえば，英和の機械翻訳では，英和辞典の単語をすべて NLM に取り込む必要があるでしょう．特に，文書データを適切に表現する学習モデルの選択が重要です．以下，単語の問題，文書データの問題を順番に見ていきます．

単語の分散表現　一般に学習データは多次元ベクトルで表しますから，個々の単語を 1 つの多次元ベクトルに対応させます．なるべく少ない数，短いベクトル（次元の小さいベクトル）を用いること，意味が同じ単語や似ている単語は距離の近い多次元ベクトルに対応させること，といった課題があります．

　NLP 研究分野で，これまでに，単語表現の方法が提案されてきました．現在の標準的な NLM は，分散表現 (Distributed Representation) を採用していま

---

33) Ian Goodfellow, Yoshua Bengio, and Aaron Courville: Ch.12, *Deep Learning*, The MIT Press 2016.

す．先に述べた 2 つの課題を同時に解決するもので，語の埋め込み (Word Embedding) と呼ばれています．

　単語の意味的な近さを，どのように取り扱えばよいのでしょうか．DNN は概念に関わる知識を持たないので，単語を置き換えることができれば裏にある概念が近いとし「その単語が使われている文脈が似ているか」によって意味的な近さを定義します．たとえば，「パンダは動物園の人気者です」と「動物園でゾウは人気があります」という文があるとき，パンダとゾウは近いとします．このとき，2 つの分散表現の差が元の関係を表すという性質を持たせることが可能です．たとえば，分散表現を「・」と表記すると，引き算の関係，「男性」−「女性」≈「国王」−「女王」が成り立ちます．

文の表現と学習モデル　単語のベクトル表現が定まると，次は文を表現する問題です．文は，文法規則にしたがうという条件があるものの，単語の順序関係が重要な情報です．順序関係の表現方法，時系列を取り扱う方法は，機械学習研究の中心的な関心テーマの 1 つで，RNN (Recurrent Neural Network) や LSTM (Long-Short Term Memory) といった学習モデルが考案されました[34]．時系列上で離れて位置する時点の依存関係を表すことが目的です．たしかに，文中の語の係り受けは，離れた位置にある語の依存関係で説明できます．

　NLP の応用に，翻訳・要約・問合せシステムなどがあります．たとえば，英語から日本語への翻訳を考えましょう．英語の文から日本語の文への変換で，概念的には時系列から時系列への変換です．seq2seq モデル[35]は，入力文字列をエンコードし，その中間表現を出力文字列にデコードするもので，Encoder-Decoder モデルともいわれます．従来は，RNN や LSTM を用いて時系列を表す方法でしたが，最近では，注視機構 (Attention) を前提とするトランスフォーマー (Transformer) による方法[36]が標準になっています．

コーパスの問題　次に，どのようにして，NLM の訓練学習に用いる文の集まり（文書データ）を集めるのかに話題を移します．言語学の分野では，研究目的で収集した文書データをコーパス (Corpus) として整備していました．コンピュータを利用した NLP の時代になり，NLM の研究が始まる以前から，電子化（電

---

34) Ian Goodfellow, Yoshua Bengio, and Aaron Courville: Ch.10, *Deep Learning*, The MIT Press 2016.
35) Ilya Sutskever, Oriol Vinyals, and Quoc V. Le: Sequence to Sequence Learning with Neural Networks, arXiv:1409.3215, 2014.
36) Ashish Vaswani, Noam Shazeer, Niki Parmar, Jakob Uszkoreit, Llion Jones, Aidan N Gomez, Lukasz Kaiser, and Illia Polosukhin: Attention is All You Need, arXiv:1706.03762v5, 2017.

子コーパス）されています．開発する NLP の応用に対して適切な電子コーパス
が入手できれば，これを利用できるでしょう．

　一方，私たちが日常的に接する文書を対象にする場合，広く公開されていて入
手が容易な電子文書データを収集する方法が有用です．たとえば，Web 上の文
書を集めます．Web から収集可能な文書は，さまざまな内容からなり，ある時
点での，人々の考え方・取り巻く世界を表しているとみなせます．私たちの「世
界モデル」を自然言語の文書として具体的に表現したものです．集める文書規模
が大きければ，世界モデルを忠実に表すと考えられ，訓練データとして用いるの
に相応しいコーパスかもしれません．ところが，このようなコーパスは実世界の
縮図であり，私たちの固定観念や思い込みに起因した差別的な情報が学習される
というステレオタイプの問題が生じることが確認されています（1.1.2 項）．目的
にあった適切なコーパス選定が大切[37]であり，ニューラル言語モデル開発者の
技術者倫理が問われます．

NLM と再利用

　コーパスは，さまざまな応用を目的として集められたので，コーパスから得
られる NLM も，いろいろな応用で使えます．NLM は再利用と密接な関係にあ
り，再利用を積極的に進める研究が活発化しています．

モデル微調整　BERT[38]はトランスフォーマーの方法[36]で作成した双方向エン
コーダー表現 (Bidirectional Encoder Representations from Transformers) に
よる NLP の基盤で，大規模なコーパスを用いて訓練学習した事前学習モデルで
す．BERT を利用した NLP アプリケーションの機械学習コンポーネント開発
では，モデル微調整 (Model Fine-tuning) という方法を使います．まず，BERT
を利用して，目的の NLP タスクを実現する学習モデルを入手します．次に，タ
スク固有の訓練データセットを用いて学習するという方法で，機能カスタマイズ
の追加学習を行います．

　BERT が登場する以前は，目的の NLP タスク向けの学習モデルを考案し，専
用のコーパスを訓練データとして用いました．一方，どのような NLP タスクも

37) Hannah Brown, Katherine Lee, Fatemehsadat Mireshghallash, Reza Shokri, and Florian Tramer: What Does it Means for a Language Model to Preserve Privacy?, arXiv:2202.05520v2, 2022.
38) Jacob Devlin, Ming-Wei Chang, Kenton Lee, Kristina Toutanova: BERT: Pre-training of Deep Bidirectional Transformers for Language Understanding, arXiv:1810.04805v2, 2019.

共通してNLMに取り込んでおくべき情報があるでしょう．このような個別開発の方法では，コーパス整備や訓練学習の手間が大きくなりました．BERTは，共通するコーパスを取り込んだNLMなので，個別開発の手間を軽減できます．BERTのアーキテクチャを活用したNLPタスクの開発が実用化されています．

例示による調整　GPT (Generative Pre-trained Transformer)[39]は，タスク固有の訓練データによる微調整を必要としないNLP基盤です．文脈内学習 (in-context learning) と呼ぶ方法で，NLPタスクの説明と，入力と正解の組からなる変換例をいくつか (Few-short) 示すだけで，さまざまなNLPタスクを実現します．有用性は下がるものの，原理的には，ひとつだけ与える (One-shot) 場合，変換例を全く与えない (Zero-shot) 場合でも実現可能です．

　GPTは学習モデルの複雑さ（重みパラメータ数）と訓練に用いたコーパスの規模によって，いくつかのバージョンがあります．最新版のGPT-3の学習モデルは1750億個の学習パラメータから構成され，約3000億のテキストから構築したデータセットを用いて訓練学習しました．1世代前のGPT-2は，学習パラメータ数が約15億個，テキストデータが約800万個でした．GPT-3の規模がいかに大きいかがわかります．

　実用的なNLMは，大規模化を避けることができません．訓練学習に必要な計算資源が膨大であり，GPT-3と同等なNLMの構築は困難なことが予想できます．開発したNLMを有効に利用する技術が重要で，GPTの文脈内学習を改良する方法として，プロンプトプログラミング (Prompt Programming)[40]という方法が提案されるなど，再利用技術の研究が続けられています．

39) Tom B. Brown et al.: Language Models are Few-Shot Learners, arXiv:2005.14165v4, 2020.
40) Laria Reynolds and Kyle McDonell: Prompt Programming for Large Language Models: Beyond the Few-Shot Paradigm, arXiv:2102.07350, 2021.

3.4 機械学習ソフトウェアと SQuaRE

SQuaRE 品質モデルから機械学習ソフトウェアの品質の特徴を考えます.

3.4.1 学習データの品質モデル

SQuaRE データ品質モデル (JIS X25012) は,永続的なデータに共通する基本的な品質特性を整理したものです (2.3.3 項).学習データは繰り返し利用される成果物ですから,表 2.5 のデータ品質特性をもとに学習データの特徴を考察すればよいでしょう[41].

SQuaRE データ品質モデルと学習データ

SQuaRE データ品質モデルが暗黙に想定するデータベースでは,データ独立性という考え方に見られるように,プログラムとデータベースの分離が重要です.一方,処理方法とデータ構造は強く関連し切り離せず,プログラムが参照するデータは一時的で,SQuaRE データ品質モデルの対象ではありません.

「学習モデル＋学習データ＝機械学習」 機械学習ソフトウェアの構築（訓練学習）過程から,学習データの多次元ベクトルと学習モデルは互いに関係するものの,ある程度,独立と考えられます.たとえば,画像認識の問題では,ピクセルの集まりを表す多次元ベクトルを対象とし,古典的な全結合のニューラルネットワークに比べて,CNN が良い性能を示すことがわかっています.NLP では,分散表現による単語埋め込みベクトルを対象とし,CNN よりも LSTM が,また最近では,LSTM よりもトランスフォーマーを用いることが多いです.

学習目的を決めたとき,学習データの表現（多次元ベクトル）に合わせて,適切な学習モデルを選択します.しかし,学習モデルと学習データは「アルゴリズム＋データ構造＝プログラム」ほど密な関係にはありません.SQuaRE データ品質モデルの対象と考えてよいです.

データ固有とシステム依存 SQuaRE データ品質モデルは固有のデータ品質とシステム依存のデータ品質に分類しました（表 2.5).機械学習で用いるデータ整備過程では,原データと学習データを取り扱います（図 3.1).学習データは

---

41) Shin Nakajima and Takako Nakatani: AI Extension of SQuaRE Data Quality Model, In *Proc. QRS Companion 2021*, pp.306-313, 2021.

多次元ベクトルと正解タグからなるデータ点で，原データから引き継ぐ特性と，学習データ独自の特性をもちます．多次元ベクトルが原データから引き継ぐ特性はデータ固有の品質ですし，学習データ独自の特性はデータ点に表れ，固有の品質およびシステム依存の品質の両方を含むと考えます．

　　SQuaRE の基本的な考え方は，ソフトウェアあるいはシステムの品質モデル (X25010) とデータ品質モデル (X25012) を分けて論じることでした．機械学習ソフトウェアの場合，学習データの品質が訓練済み学習モデルの品質を左右します．実際，教師あり訓練学習は，正解タグを再現するという合目的性の下で訓練データの相関分析を行います．学習データ品質は，訓練済み学習モデルの基本的な品質に大きく影響します．

学習データの利用時品質　期待のモデル性能を達成するには，膨大な数の学習データを準備する必要があります．場合によっては，独立に収集，整備した K 個の学習データセットを組み合わせて ($\bigcup_{k=1}^{K} D_k$)，ひとつの学習データとして利用するかもしれません．このとき，個々のデータセット D_k はデータの利用時品質[42] を満たす必要があります．ビッグデータ・アナリティックスの分野で論じられた考え方で，機械学習にも応用できます．

　　データの利用時品質は個々のデータセット D_k が持つべき性質で，一括して分析対象とするのに適切かどうかの基準を与えます．具体的に，SQuaRE データ品質モデルの 15 の品質観点（表 2.5）を 3 つの適切性と関係付けました．背景の適切性 (Contextual Adequacy) は対象データが収集，整備された状況が同等・均質なこと，時制の適切性 (Temporal Adequacy) は対象データの時間的な特徴が同等・均質なこと，処理の適切性 (Operational Adequacy) は対象データを処理する方法が確立していることです．個々のデータセット D_k が以上 3 つの適切性を満たすとき，組み合わせて利用可能と考えます．

SQuaRE データ品質特性の解釈

　　学習データの特徴（3.1.2 項）から，SQuaRE データ品質モデルの品質特性を解釈します（表 3.1）．ところが，SQuaRE データ品質モデルの品質特性は複数データにまたがる性質やデータ分布を扱っていないので，2 つの新しい品質特性，妥当性と来歴性を追加しました[41]．

---

42) Merino Jorge, Caballero Ismael, Rivas Bibiano, Serrano Manuel, and Piattini Mario: A Data Quality in Use model for Big Data, *Future Generation Computer Systems* 63, pp.123-130, 2016.

表3.1　学習データ品質モデルの品質特性

データ品質特性	M	簡単な説明
正確性	○	構文上・意味的な正確さ
完全性	○	欠損値がないこと
一貫性	○	ラベリングが一貫していること
信憑性	○	汚染や虚偽でないこと
最新性	○	最新の値であること
アクセシビリティ		(対象外)
標準適合性	◇	標準規約への準拠
機密性	◇	機微情報が露でないこと
効率性		(対象外)
精度	○	数値精度
追跡可能性		(対象外)
理解性	◇	可読なこと
可用性		(対象外)
移植性		(対象外)
回復性		(外商外)
適切性	○	データセットの適切性
来歴性	○	データセットの来歴性

M：共通（○）か特定応用（◇）か.

　SQuaRE で定義されている品質特性の中で，アクセシビリティ (Accessibility)・効率性 (Efficiency)・追跡可能性 (traceability)・可用性 (Availability)・移植性 (Portability)・回復性 (Recoverability) は，学習データに該当しません．機械学習コンポーネントを含むコンピュータ・システムを対象としたシステム依存の特性で，学習データを計測・検査の対象としない特性です．

学習データ共通の品質特性　学習データ一般に共通するデータ品質特性は，正確性・完全性・一貫性・信憑性・最新性・精度の6つです．

- 正確性 (Accuracy) は，データ点を構成する多次元ベクトルと正解タグに関する特性です．多次元ベクトルの意味的な正確さは，個々のベクトル成分が満たすべき制約条件，複数の成分にまたがって定義された制約条件などで表されます．このとき，原データが制約条件を満たしていることが前提です．正解タグの意味的な正確さは多次元ベクトルに準じて制約条件として表されるでしょう．蛇足ですが，分類学習タスクの正解率 (Accuracy) と混同しないようにして下さい（3.2.1項）．

- 完全性 (Completeness) は，データ点を構成する多次元ベクトルと正解タグ及びデータ点に関する特性です．多次元ベクトルの完全性は成分に欠損値がないことであり，原データが完全性を満たさないときには多次元ベクトルが完全性を満たすように補完します．ラベリングの完全性は，正解タグが欠損していないことです．データ点の完全性は多次元ベクトルと正解タグの対応関係に欠損がないことです．
- 一貫性 (Consistency) は，データ点を構成する正解タグに関する特性です．対象の学習データ全体について，ラベリングが一貫した方針のもとで系統的に行われていることです．
- 信憑性 (Credibility) は，データ点に関わる特性です．学習データ毒化のようなデータ汚染がないことです．
- 最新性 (Currency) は，データ点に関わる特性です．対象学習データの時間的な特徴が同等・均質で一括して訓練学習の対象にしてよいことです．
- 精度 (Precision) は，データ点を構成する多次元ベクトルに関わる特性です．ベクトル成分の値が期待する数値精度を有していることです．

特定応用の品質特性　特定応用の場合に考慮するデータ品質特性として，標準適合性・機密性・理解性があります．

- 標準適合性 (Compliance) は，標準規格・規制が存在する応用領域の学習タスクの場合，標準に適合した学習データを用いていることです．たとえば，データ保護に関わる GDPR などの法規制を遵守するなどです．
- 機密性 (Confidentiality) は，公平性やプライバシーが重要な学習タスクの場合，機微情報に配慮していることです．
- 理解性 (Understandability) は，データ点の形式が目視レビュー可能な具体表現を持つことです．たとえば，画像データは目視確認できます．

2 つの拡張

　学習データのいくつかの特徴（3.1.2 項）は，SQuaRE データ品質モデルへの関連付けが困難なことから，新たに適切性と来歴性を導入しました．

適切性　適切性 (Adequacy) は，ターゲット選択・データ選択・ラベリング・サンプリングに関する 4 つの品質副特性からからなります．

- ターゲット選択の適切性 (Target Selection Adequacy) は，多次元ベクトル空間の定義に関連し，特徴量を多次元ベクトル成分にするかを決めることで

す．ターゲット漏洩などに関わる事前分析の結果を多次元ベクトルとして表
します．

- データ選択の適切性 (Data Selection Adequacy) は，多次元ベクトルの個々
  のデータを学習データとして用いるか否かの判断に関わります．学習タスク
  の目的に合わせて，外れ値を取捨選択します．
- ラベリングの適切性 (Labeling Adequacy) は，正解タグの定義に関わり，
  学習タスクの目的に合わせて，何を正解とするかを決めることです．
- サンプリングの適切性 (Sampling Adequacy) は，データ分布に関係します．
  学習タスクの目的に合わせて，標本選択バイアスなどを考慮して，データセ
  ットを整備することです．

4つの品質副特性はシステム依存の学習データ品質特性で，評価用データを用い
て訓練済み学習モデルが示す機能・振舞いを調べることで確認します．

来歴性　来歴性 (Provenance) は，学習データの素性が明らかか否かに関係する
品質特性です．学習データは原データから構築されるので（図3.1），原データ
の特徴ならびに加工・整備の作業が学習データに影響します．予測推論結果が期
待を満たさないとき，データを増やしたり，値の偏りを調整したりして再整備し
た学習データを用いて再学習します．目的に応じて学習データを改訂する作業な
ので，最終的に得られる学習データの整備経緯が明らかなことが，学習データの
品質を論じる重要な情報です．素性が明らかでない学習データから得た機械学習
システムの品質を確信できないでしょう．

　具体的には，学習データあるいは学習データセット作成の動機，もとになった
原データとの関係，クリーニングの経緯，以降の改訂指針，法的あるいは倫理的
な判断との関わりなどの観点[43]を明らかにします．

　来歴性は保守性にも関わります．機械学習では，従来ソフトウェアの適応保守
に対応する方法として，転移学習の技術を利用することがあります（3.3.2項）．
2つのドメインの学習データの関係が適切であれば転移学習が意図通りに働くと
期待できます．この場合も学習データの来歴性が大切です．

---

43) Timnit Gebru, Jamie Morgenstern, Briana Vecchione, Jennifer W. Vaughan, Hanna Wallach, Hal Daumee III, and Kate Crawford: Datasheet for Datasets, arXiv:1803.09010v7, 2020.

3.4.2　SQuaRE 品質モデルの再考

　機械学習ソフトウェアの品質を，SQuaRE の製品品質ならびに利用時の品質（2.3.2 項）から見ていきます．SQuaRE 品質モデルは多くの品質特性を定義する際に「明示された状況下で使用するとき」という前提条件があります．機械学習ソフトウェアでは，訓練データが仕様であるという見方の一方で，使用条件が必ずしも明らかではありません．以下では，この前提条件を緩めて考察します．

製品品質モデルの再考

　製品品質モデルは 8 つの品質特性からなります（表 2.3，表 2.4）．機械学習ソフトウェアの技術的な特徴であるモデル正確性・モデルロバスト性・ブラックボックス性（3.2 節）の影響を考察します．

- 機能適合性 (Functional Suitability) は，副特性の機能正確性が問題となります．期待されるモデル正確性の基準を明らかにすることで，機能正確性を論じることができます．
- 使用性 (Usability) は，副特性の適切度認識性が特に関わります．利用者が，モデル正確性およびモデルロバスト性の基準を明らかにし，適切かどうかを認識することです．
- 信頼性 (Reliability) は，ソフトウェアでは基本的な脅威である系統的な故障による不具合を低減することです．機械学習ソフトウェアでは分布の逸脱（3.2.2 項）への対応を含みます．また，数値最適化問題として定式化される訓練学習機構は，数値計算プログラムですから，従来ソフトウェアに対する信頼性から考えることができます．
- 保守性 (Maintainability) は，保守者による適応保守の作業効率化を目的した作り込みに関係します．機械学習ソフトウェアでは，適応保守は，学習データを改訂した後の再学習や転移学習で行います．学習データの保守改訂が関係するので，学習データ品質の来歴性と関連します．副特性の解析性は，修正時の影響範囲や欠陥原因特定の観点です．機械学習ソフトウェアのブラックボックス性から生じる問題を軽減する説明可能性が関わります．

　なお，性能効率性 (Performance Efficiency)・互換性 (Compatibility)・セキュリティ (Security)・移植性 (Portability) は，機械学習コンポーネントを含むシステム全体で考える品質特性です．

利用時の品質モデルの再考

利用時の品質モデルは 5 つの品質特性からなります（表 2.2）．「利用段階の製品が実使用又は模擬使用される時に測定される」ことから，実行時の品質観点であるモデル正確性・モデルロバスト性（3.2 節）と関わります．

- 有効性 (Effectiveness) は「明示された目標を利用者が達成する上での正確さ及び完全さの度合い」と定義されています．「正確さ及び完全さ」を，予測の確からしさから再考しなければなりません．
- 満足性 (Satisfaction) は「利用者ニーズが満たされる度合い」で利用者が知覚する満足度です．予測の確からしさからの再考が必要です．
- リスク回避性 (Freedom from Risk) は「潜在的なリスクを緩和」することです．学習データが例外的な状況を意図的に含む度合いに関わり，学習データの適切性が影響します．
- 利用状況網羅性 (Context Coverage) は，「明示された状況」を参照する利用状況完全性と「逸脱した状況」を参照する柔軟性に分けられます．前者は機械学習ソフトウェアのモデル正確性と，後者はモデルロバスト性と関係します．どちらも学習データの適切性が関わります．

なお，効率性 (Efficiency) は，予測推論の実行時資源に関わる品質です．

従来のソフトウェアに対する SQuaRE モデルでは，データ品質モデルは製品品質モデルを補完する一方，製品品質モデルが利用時の品質モデルに影響します（図 2.1）．つまり，データ品質と利用時の品質は間接的な関係にありました．これに対して，機械学習ソフトウェアでは，学習データ品質がモデル正確性・モデルロバスト性と強く関わるので，学習データ品質モデルが利用時の品質特性に直接影響します[41]．

標準化の動向

機械学習システムの品質モデルを ISO/IEC で標準化する活動が進んでいます．SC7（ソフトウェア）では ISO/IEC 25000 シリーズのひとつとして 25059[44] が，また，SC7 と SC42（人工知能）の共同活動として学習データ品質を扱う 5259[45]

---

44) ISO/IEC 25059, Software engineering — Systems and software Quality Requirements and Evaluation (SQuaRE) — Quality model for AI systems.
45) ISO/IEC 5259, Artificial intelligence — Data quality for analytics and machine learning.

表 **3.2**　ISO/IEC 25059 による拡張

品質特性	品質副特性	簡単な説明
機能適合性	機能正確性	モデル正確性を考慮した基準に修正
機能適合性	機能適応性	環境変化への適応
使用性	可制御性	外部からの動作への介入可能
使用性	透明性	利用目的・要求を満たすかの情報提供
信頼性	ロバスト性	モデルロバスト性
セキュリティ	介入性	危機状況の予測・動作への介入
満足性	透明性	利用目的・要求を満たすかの情報提供
リスク回避性	社会・倫理的リスクの緩和	アカウンタビリティ・公平性・遵法性

が同時に活動中です．ISO/IEC 25059 はドラフト国際標準 (Draft International Standard, DIS) が公開されています．以下，拡張案の概要[46] を紹介します．

　ISO/IEC 25059 は，ISO/IEC 25010 との適合性要求事項を満たし，AI システムに特徴的な特性を加えました（表 3.2）．製品品質モデルでは，機能適合性の機能正確性を修正する一方で，機能適合性に機能適応性 (Functional Adaptability)，使用性に可制御性 (User Controllability) と透明性 (Transparency)，信頼性にロバスト性 (Robustness)，セキュリティに介入性 (Intervenability) という 5 つの品質副特性を追加しました．また，利用時の品質モデルでは，満足性に透明性 (Transparency)，リスク回避性に社会・倫理上のリスク緩和 (Societal and ethical risk mitigation) を追加しました．この ISO/IEC 25059 の提案は，先に考察した内容に加えて，次章で論じる倫理的な AI の特徴のいくつかを含むものになっています．

---

46) 込山俊博，向山輝：SQuaRE 品質モデルの AI へのマッピング，情報処理 63(11), pp.e19-e27, November 2022.

第4章 倫理的な AI

　光と陰，2つの側面を持つ AI は社会的な影響が大きいことから，人間の安全さの原則に従わなくてはなりません．

4.1　高位ポリシーとしての倫理

　欧州の国際的な機関で，人間の安全さを中心として，AI 倫理の議論が進んでいます[1)2)3)]．AI システムおよび開発に関わるステークホルダーに求められる倫理原則から出発し，信頼される AI (Trustworthy AI) の特徴を整理します．システム要求を方向付けする高位ポリシー (High Level Policy) です．

4.1.1　AI 倫理原則

　詳しい議論の前に，AI 倫理原則の基本的な考え方を整理します．

医療倫理の原則

　AI 倫理 (AI Ethics) は，他技術分野の倫理原則と同様に，ヒポクラテスの誓い (Hippocratic Oath) に辿る医療倫理の4原則を範として論じられます．ここで，医療倫理は，倫理的な問題への指針を医療関係者に示すもので，

1. 自律尊重原則：自律的な患者の意思決定を尊重せよ
2. 無危害原則：患者に危害を及ぼすのを避けよ

---

1) OECD: *Artificial Intelligence in Society*, OECD Publishing 2019.
2) EU High-Level Expert Group on Artificial Intelligence: Ethics Guidelines for Trustworthy AI, 2019.
3) UNESCO: Draft Text of the Recommendation on The Ethics of Artificial Intelligence, June 2021.

3. 善行原則：患者に利益をもたらせ

4. 正義原則：利益と負担を公平に分配せよ

の 4 つです.

倫理原則の性質 AI 倫理は，AI システム提供者に倫理的な問題への指針を示します. ところが，医療と AI には違った側面があり，AI 倫理に関わる原則を得ても，その原則だけで AI システムが期待する特性を満たすことは保証できません[4]. 次の 4 つの点が AI 開発に欠けているからです.

1. 共通する目的と受託者（AI 提供者）の忠実義務

2. 職業の歴史的な積み重ねと規範

3. 倫理原則を実務に焼き直す有効性が明らかな方法

4. 法律ならびに職業上の頑健なアカウンタビリティ機構

医療関係者は，長い歴史の中で，公共の観点から倫理原則を具体的な行動として実践してきました. 一方で，AI やソフトウェアのシステムは営利的な民間組織 (Private Sector) の活動であり公共という視点に欠けます. そこで，英国の公認技術者 (Chartered Engineer) という職業的な専門職制度を持つ社会を背景とした AI 倫理の「実現」を論じました. 以下に要点を整理します.

AI システムは幅広い応用で実現されることから，AI 倫理の考え方も多様です. 対象システムの目的に応じて，適切な考え方を選択しなければなりません. また，AI 倫理のトップダウンな見方だけでなく，AI システム開発を実務で担う民間事業者のボトムアップな議論が大切です. ハイリスク AI システムあるいは高度な信頼性が求められる AI システムの開発者は，ライセンスを保有する公認技術者に限定すべきでしょう. さらに，技術者個々の能力に頼るのではなく，組織が持つ AI 倫理に帰すべきです.

AI システムには，ユーザーの意思決定を補助したり代行したりするものがあり，システムが「埋め込まれた」文脈，すなわち社会が合意した倫理感と密接に関わります. たとえば，医療分野に応用する AI システムは，医療倫理原則が関係します. そこで，AI 倫理を技術的に検査可能な性質に限定して考えることは妥当ではなく，また AI 倫理の「実現」は技術的な解決策だけで対応することはできません. AI 倫理は多様なステークホルダーを巻き込んだプロセスとして取

---

4) Brent Mittelstadt: Principles Alone Cannot Guarantee Ethical AI, arXiv:1906.0668v2, 2020.

り扱う必要があると論じています．そして，AI 倫理原則だけを示すのではなく，AI システムに関わるステークホルダーが「実現」しやすい内容を提示することが大切とします．

AI 倫理原則と AI の倫理学

AI 倫理原則と AI の倫理学 (AI Ethics) の違いを整理しておきます[5]．なお，欧州 HLEG の議論（4.1.2 項）は，AI 倫理原則についてです．

AI 倫理原則 欧州 HLEG の議論は，人間の安全を実現する 3 つの観点から AI が満たす倫理原則を整理し，信頼される AI (Trustworthy AI) の要件を導くものです．この AI 倫理原則は，医療倫理に範をとるもので，技術倫理や科学倫理といった応用倫理学の知見を生かして整理されました．

AI が人間を代行する状況を想定し，人間に対して一般的に期待する倫理を AI がどこまで共有できるかという視点から，倫理的な AI (Ethical AI) を考えます．これには，倫理問題が影響するような質疑応答を行って，チューリングテスト (Turing Test) が通るか，という問題をイメージすればわかりやすいでしょう．チューリングテストとは，コンピュータあるいは AI が人間の模倣をしているか，人間が区別できるかを調べることです．区別できなければ，AI が人間と同様に振舞うことになり，人間に期待する倫理を AI に求めるとします．利用者が感じる総合的な AI 倫理です．

AI の倫理学 これに対して，AI という新しい分野が応用倫理学にもたらす影響を積極的に議論する立場があります．そもそも倫理学の役割は，自律した人間からなる民主的な人間社会を考えることです．「AI を問うことで，人間の知識や社会，そして人間の道徳の本性に関わる批判的な問いが数知れず現れ」ます．たとえば，積極的差別是正措置 (Affirmative Actions) をとるか否かは正義についての特定の見方に基づきます．AI ではバイアスの問題が増幅されることから，あらためて正義の問題への問いかけがなされ，その結果，人間への理解が深まるとします．AI をフィールドにすることで倫理学が豊かになるということです．

倫理学は民主的な人間社会を対象とするので，社会の未来に関わる意思決定での包摂性 (Inclusiveness) から，倫理原則の制定過程も民主的で市民参加的であらねばならない，と論じられます．巨大企業がたとえ善良であっても，その手に決定権を委ねてはならないのです．民主的な過程を経るとする思想は，欧州議会

---

5) Mark Coeckelbergh: *AI Ethics*, The MIT Press 2020.

が主導して，国際的なプラットフォーマーに対抗し，プライバシーとデータガバナンスに関する GDPR（2.2.3項）を制定したことと共通するように思えます.

4.1.2 AI 倫理ガイドライン

欧州企業関係者が主要メンバーの AI HLEG (High Level Expert Group) は，AI 倫理の視点から信頼される AI のガイドライン[2]と自己評価リスト[6]を公表しました. AI 倫理原則や信頼される AI の標準的な考え方です.

4つの原則

基本的人権 (Fundamental Rights) から出発し，人間の安全の原則を満たす際に AI システム一般に要請する3つの観点，合法性 (Lawful)・倫理性 (Ethical)・ロバスト性 (Robust) を示します. ソフトウェア開発では，法律や規制に関わる事項は，要求仕様作成の段階で個別に考えることで，一般的に論じることが難しいです. そこで，この合法性について詳しく論じることはせず，倫理規範との関わりを重要視します. なお，法的な側面は，既存の欧州法体系との調和が必須で，欧州 AI 規制法案 (AI-ACT)[7]の議論が進行中です.

ロバスト性は，技術的なロバスト性 (Technical Robustness) のことです. AI システムが，どのような状況下でも「人間の安全さ」を達成することで，素朴にはシステムの安定作動を指します. ガイドラインは，倫理性から信頼される AI への要求ポリシーを整理するもので，技術的なロバスト性の詳細は，たとえば，ENISA サイバーセキュリティ[8]で論じられています.

本ガイドラインは倫理性とロバスト性が相互に関わるという立場から議論を深め，医療倫理原則を範として，AI 倫理原則を抽象レベルの4つの基本的な性質に整理しました.

- 人間の自律性の尊重 (Respect for Human Autonomy)
- 危害回避性 (Prevention from Harm)
- 公平性 (Fairness)

---

6) High-Level Expert Group on Artificial Intelligence: The Assessment List for Trustworthy Artificial Intelligence, 2020.
7) European Commission: Proposal for a Regulation of The European Parliament and of the Council Laying Down Harmonised Rules on Artificial Intelligence (Artificial Intelligence ACT) and Amending Certain Union Legislative Acts, 2021.
8) ENISA: AI Cybersecurity Challenges, December 2020.

- 説明可能性 (Explicability)

最も大切なことは，自由で自律的な人間が AI をコントロールすることです．また，不確かさを伴う AI システムが，人間に危害がおよぼしてはなりません．実社会が多様な属性を持つ集団の集まりであるという点に着目したとき，倫理性の要点は，特定の集団に偏った効果をもたらさないことです．このことから，公平性が導かれます．また，判断の根拠を人間に理解可能な形で明らかにすることが不可欠です．予測推論の過程と論拠を示す透明性や解釈可能性（3.1.1 項）に比べて，抽象レベルの高いソシオテクノロジーとしての説明可能性です．

この 4 つの原則にしたがった AI システムは，ステークホルダーとの間にトラスト関係が成立し，信頼される AI と呼ばれます．このトラストは新技術の社会受容性を論じる ABI モデルを暗に想定しています．AI システムの開発から運用に至るライフサイクル全般を考察対象とし，AI システムだけではなく多様なステークホルダーをトラスト関係の客体とします（図 1.2）．また，典型的な主体はユーザーですが，法規制といった社会制度との関連も議論の範囲に含むことから，政府機関なども主体と考えます．トラストの議論あるいは信頼される AI を，ソシオテクノロジー全般に広げて議論することを想定しています．

7 つの要件

4 つの原則は AI システムに期待する基本的な特徴としては抽象的です．そこで，具体化して，信頼される AI を実現する際に考えるべき要件を例示し，自己評価リストの形で詳しい説明を与えました[6]．

一般に，AI システムには多様なステークホルダーが関わり，各々，関心の範囲・責任の範囲が異なります．たとえば，AI システムの設計ならびに開発者，データサイエンティスト，調達官あるいは専門官，AI システムの直接のユーザー，法律・コンプライアンス関係者，管理者などです．異なる立場のステークホルダーが協力・役割分担してチェックリストを確認し，AI システムがもたらすリスクを自ら理解することを目的とします．信頼される AI 実現へのリスク分析によるアプローチといえます．

7 つの要件は，AI システムのライフサイル全般にわたります．技術的 (Technical) ならびに非技術的 (Non-technical) あるいは組織上 (Institutional) の方法を適宜組み合わせて，要件あるいはゴール (Goal) を達成するもので，多様なステークホルダーにとって使いやすい形に整理されています．また，いくつかは，

AI-ACT（5.2.1 項）でも繰り返し論じられており，AI に対する欧州の考え方の基本になっているようです．

要件 1：人間の主体性と監視　人間の自律性を尊重するという原則から導かれました．AI システムが意思決定過程，人間の行動・知覚と期待・感情やトラストや自主性に与える影響について，人間の監視による適切なガバナンス機構が整備されていることを確認します．

要件 2：技術的なロバスト性と安全性　AI システムの作動状況が変化しても，意図に反したり期待と異なったりする結果に陥らないことです．ディペンダビリティならびに回復性を満たすことから導かれた技術的な要件です．

　自己評価リストは，AI システムの柔軟さと関連する広い意味での社会的なリスクの低減を，セキュリティ，安全性 (Safety)，モデル正確性 (Accuracy)，耐故障性実現の信頼性 (Reliability) といった 4 つの面から検討します．敵対的な攻撃，モデルロバスト性といった AI システムの特徴を考慮する一方で，従来からの安全性や回復性に言及しています．

要件 3：プライバシーとデータガバナンス　危害防止の原則からの要件ですが，AI システムが影響しやすいプライバシー権に着目します．データの品質と完全性や応用領域での適切なデータガバナンスに関わります．GDPR などデータ主体の権利に関係する法規制や公的な規則にしたがいます．

　プライバシー権に関わる問題の多くは従来の ICT でも生じます（2.2 節）が，機械学習では大きな懸念材料になり[9]，たとえば，予測推論結果を個人のプロファイリングに利用することは原則として禁止されます．

要件 4：透明性　透明性 (Transparency) は追跡性 (Traceability)，説明可能性 (Explainability)，ならびに AI システムの限界に関するオープンな議論といった 3 つの観点から要件 2 を補完します．AI システムの開発ライフサイクル全般にわたって AI システムのブラックボックス性に着目し，開発過程ならびに予測出力を得る推論過程での「何故？ (why)」を扱います．監査能力を持つか，AI システムが実現可能な機能や限界についてユーザーと共有しているかなどを含みます．

要件 5：多様さと差別のなさと公平さ　AI システムのライフサイクル全般で考慮する多様性 (Diversity) に関わる要件です．公平性に反するバイアスだけではなく，多様なユーザーが利用可能なことに注目して，利用者アクセシビリティ

---

9) European Parliament: The impact of the General Data Protection Regulation (GDPR) on artificial intelligence, European Parliament Research Service, June 2020.

(Accessibility) やユニバーサルデザインの原則 (Universal Design Principles) を含みます．ライフサイクル全般を通して影響を被る当事者の参加が必要です．

要件 6：社会および環境への配慮　民主的な社会での AI システム運用では，生物および環境への配慮が必要です．教育・仕事・ケア・エンターテイメントなどに変化を生じます．SDGs や自然環境（温暖化・省エネルギーなど）を含む社会全般への影響を考え，特に，民主的な社会に対する脅威に目を向けることを述べています．

要件 7：アカウンタビリティ　AI システム開発・展開・利用に対する責任を明らかにできることです．リスク管理・リスク分析・リスク低減をオープンに行うことに関する要件です．監査性 (Auditability) は，内部監査，外部監査，第三者評価を適切に実施すること，好ましくない結果を踏まえたリスク管理，安全さへのリスクと倫理原則のトレードオフなどへの考慮です．

4.2　信頼される AI

信頼される AI の全体像を整理します．

4.2.1　総合的な品質

分類の観点

信頼される AI (Trustworthy AI) は，従来の IT システムと共通する品質特性（2.1 節）に加えて，機械学習特有の性質から生じる品質特性（3.1 節，3.2 節）ならびに倫理的な AI から要請される品質特性（4.1 節）を持ちます．各々は，複雑なシステムの品質を直交する観点に分解したものです．一方で，完全に独立しているわけではなく，互いに関連し重なる品質特性もあります．また，これらの品質特性は，ソフトウェアや機械学習技術の発展とともに整理されたもので，用語の使い方が統一されているわけではありません．本書では，言葉の整理と分類から始めます．

信頼される AI の品質特性を，5 つに分類します．表 4.1 中，T 欄は，技術的な方策中心で達成する品質特性で，SQuaRE 品質モデル（2.3.2 項）に準じて，各々が，製品品質と利用時の品質のどちらに関わるかを表します．また，S 欄は組織上の方策が関わるかを表します．

表 4.1　信頼される AI の品質観点

分類	品質観点	T	S
バニラ AI (Vanilla AI)	モデル正確性 (Model Accuracy) モデルロバスト性 (Model Robustness)	△ △	
説明可能 AI (Explicable AI)	透明性 (Transparency) 解釈可能性 (Interpretability)	△ △	○ ○
ロバスト AI (Technically Robust AI)	信頼性 (Reliability) 安全性 (Safety) サイバーセキュリティ (Cybersecurity) 回復性 (Resilience)	△ ▽ ▽ ▽	
倫理的な AI (Ethical AI)	公平性 (Fairness) プライバシー (Privacy)	▽ ▽	○ ○
合法的な AI (Lawful AI)	アカウンタビリティ (Accountability) 適合性 (Conformity)		○ ○

T：製品品質（△）・利用時の品質（▽），S：組織上の方策

5 つのカテゴリー

　表 4.1 の品質特性を詳細に見ていきます．

バニラ AI　バニラ AI (Vanilla AI) は，コンピューティングからみた機械学習の特徴に関係する品質特性で，モデル正確性とモデルロバスト性です．訓練データの帰納学習から生じる基本的な品質観点（3.2.1 項）で，すべての機械学習コンポーネントに共通します．訓練学習の過程で作り込む品質特性であり，技術的な方策で達成する製品品質です．

　なお，分類項目名のバニラ (Vanilla) は，Lisp のオブジェクト指向パッケージ Flavors[10]が，すべてのオブジェクトに共通する機能を Vanilla Flavor[11] としたことを参考に命名しました．

説明可能 AI　説明可能 AI (Explicable AI) は，機械学習コンポーネントが予測推論した結果の理由の提示に関します．予測推論の実行状況に関わる技術的な側面と，利用者が納得する説明という非技術的な側面があります．2 つの側面で，説明対象の粒度と抽象度は異なりますが，いずれも透明性と解釈可能性の 2 つの品質特性からなります．

---

10) Howard I. Cannon: Flavors:A Non-hierarchical Approach to Object-oriented Programming, 1979.

11) Daniel Weinreb and David Moon: Ch.20, *Lisp Machine Manual (4ed.)*, 1981.

　透明性は，処理流れに着目した説明で，予測推論がいかにして (How) 行われたかを示します．一方，解釈可能性は，予測結果の理由 (Why) についてです．機械学習コンポーネントの実体は訓練済み学習モデルで，多層ニューラルネットワークで表現した非線形関数です．入力データあるいは入力信号が多層ニューラルネットワーク中を伝播し，出力の予測推論結果に至ります．透明性に優れるとは，この伝播過程を抽象化して出力に至る根拠を可読性に優れた適切な抽象度で表せることです．また，解釈可能性は特定の予測推論出力が生じた理由を示すことで，入力信号の出力への影響 (End-to-end) を簡便な方法で表せることです．

　非技術的な観点からの説明可能性とは，利用者が納得する情報として，透明性と解釈可能性を実現することです．時折「人間でさえ他人にうまく説明できない」といった話題が持ち出されるように，人文科学的な方法論まで含む広範な議論が関わります．高度なソフトウェアとしての AI 以上のことが求められるので，本書の範囲を越えた議論です．

　なお，透明性という言葉を，一般に，作業過程での意思決定が明らかなこと，という意味で使います．たしかに，処理流れの情報に着目した見方ですから，いかにして作業が進められたかに言及する点が共通しています．この一般的な意味での透明性は，説明し責任をとること（アカウンタビリティ）の手段です．これに比べると，説明可能 AI の品質特性としての透明性は，より狭い意味になっています．

ロバスト AI　ロバスト AI (Technically Robust AI) は，HLEG の AI 倫理ガイドライン（4.1.2 項）が導入した観点で，機械学習ソフトウェアシステムの安定動作を実現する技術的な方策です．従来の IT システムでは，ディペンダビリティ（2.1.2 項）として整理された信頼性と安全性が基本でしたが，その後，つながるコンピュータ（2.1.3 項）の時代になって顕在化したサイバーセキュリティと回復性が付け加わりました．なお，ロバスト性という用語は多義的です．モデルロバスト性あるいは予測ロバスト性ではなく，ここでは，プログラムロバスト性と近い見方，システムのロバスト性なので，技術的なロバスト性としました．

　機械学習コンポーネントの信頼性は，従来のソフトウェアに対する議論に加えて，機械学習特有の脅威への対応（3.4.2 項）を含みます．期待されるモデル正確性およびモデルロバスト性を達成する訓練学習の方法と関わることから，技術的な方策によって達成する製品品質です．一方，安全性・サイバーセキュリティ・回復性は，機械学習コンポーネントを含むシステムが全体として達成する性質で，利用時の品質です．

　安全性とサイバーセキュリティは外界へ悪い影響を生じることが共通しますが，その脅威となった原因の性格が違います．安全性は装置の故障など意図しない脅威 (Non-intentional Threats) を考える一方，サイバーセキュリティは攻撃あるいは意図的な脅威 (Intentional Threats) を想定します．そして，回復性は何らかの不具合が生じたときでも継続的に作動すること，一部の提供機能が使えなくなるとしても基本的な動作を保証する縮退運転を実現することです．機械学習特有の性質は，保護すべき開発成果物として現れます．後に（4.2.3 項），詳しく説明します．

倫理的な AI　倫理的な AI (Ethical AI) は，AI 倫理ガイドライン（4.1.2 項）に示された機械学習の特徴で，公平性とプライバシーです．これらは人間の安全さと直接関わる利用時の品質で，開発対象の機械学習コンポーネントに対する要求ポリシーです．どのようなポリシーを選ぶかは，社会的に合意された正義に関わることから，人文社会学からの考察が必要です．一方，技術的には，学習データの特徴，あるいは公平性ならびにプライバシーへの脅威を低減する方策などが関係します．後に，詳しく説明します（4.2.4 項，4.3 節）．

合法的な AI　合法的な AI (Lawful AI) も，AI 倫理ガイドライン（4.1.2 項）が言及した観点ですが，一般的に論じることが難しく，この問題について詳しく論じられていません．その後，欧州 AI 規制法案が公表され，AI に関わる法律面の議論が進んでいます．

　本書では，合法的な AI (Lawful AI) は，法規則への適合性ならびに適合していることを説明し責任をとるアカウンタビリティとします．適合性は，準拠法が具体的に示されたとき，その法規制を遵守しているかです．たとえば，パーソナルデータ保護に関わる GDPR への準拠などです．一方，アカウンタビリティは AI システムではなく，システム開発・運用に関わるステークホルダーに帰します．一般に，アカウンタビリティを説明責任と訳すことが多いのですが，「説明する責任」ではなく，その説明内容に対する社会的（倫理的，法律的）な責任を負うことです．

　なお，アカウンタビリティは，すでに為された決定や行動の結果に対する責任です．これに対して，リスポンシビリティ (Responssibility) は，これから生じる，未来での，事柄や決定に対する責任を論じます．

その他の品質観点　信頼される AI の品質特性を，表 4.1 をもとに見てきました．これらは，機械学習に特徴的な性質です．これに加えて，高度なソフトウェアシステムとしての一般的な品質特性も関わります．SQuaRE 品質モデルの機械学

習ソフトウェアへのマッピング（3.4 節）を参照して下さい.

　ここでは，倫理的な AI を「信頼される AI」と総称しますが，「責任ある AI (Responsible AI)」という呼び方もあります. 前者は利用者の視点，後者は提供者の視点というニュアンスの違いがありますが，品質特性からみると，両者に大きな違いはありません. 本書では，信頼される AI（表 4.1）で統一します.

4.2.2　AI とトラスト

　AI 倫理原則から導かれる高位の要求ポリシーは，従来の IT システムになかった AI システムへの社会的な期待を整理したものです. この新しい技術の受容性につながるトラスト関係（1.2.2 項）は，どのようにして生じるのでしょうか. 具体的な検討事例を 2 つ紹介します.

FEAS からのトラストモデル

　AI システムに対するトラスト関係の議論に，ABI モデルの応用研究[12]があります. トラストの基礎となる品質特性を FEAS とします.

トラストの連鎖　機械学習システムは初期開発終了後，運用段階での実行監視・再学習という特徴があります. ソフトウェア工学の用語では適応保守に関わる品質で，継続運用の品質モデルを明示的に論じます[13]. 一方，ABI は初期トラストに関わるモデルですから，継続運用あるいは機械学習システムのライフサイクル全体に関わるトラストを論じる枠組みではありません. そこで，トラストの連鎖 (Chains of Trust) を導入しました. 運用とともにトラスト関係が変化する状況を表すことができます.

FEAS モデル　AI システムの開発・運用に関わるステークホルダーが，4 つの品質特性 FEAS を持つとき，利用者は ABI を知覚し，トラスト関係が生じるとします. FEAS は，公正性 (Fairness)・説明可能性 (Explicability)・監視性 (Auditability)・安全性 (Safety) の頭文字をとったものです. FEAS モデルでは以下のような意味で使っています.

　公正性は，バイアスのない学習データを訓練に利用することと関わり，学習

12) Ehsan Toreini, Mhari Aitken, Kovila Coopamootoo, Karen Elliott, Carlos Gonzalez Zelaya, and Aad van Moorsel: The relationship between trust in AI and trustworthy machine learning technologies, arXiv:1912. 00782v2, 2019.

13) 中島震：第 2 章, ソフトウェア工学から学ぶ機械学習の品質問題, 丸善出版 2020.

データ収集・整備に際して（図3.1），善良な立場から作業をすることです．説明可能性は，訓練学習の過程がブラックボックスという特徴と関わる透明性と解釈可能性（3.1.1項）を実現することです．監視性は，運用中の予測推論状況を実行時監視し，実行履歴を保存しておくことです．安全性は，想定外の入力に対する振舞いを対象とするものでモデルロバスト性（敵対ロバスト性など）です．

ただし，予測推論品質に関わる基本的な性質，モデル正確性（3.2.1項）が満たされていることを前提とします．また，明示されていないですが，IT システム一般に求められる信頼性 (Reliability) も FEAS を論じる前提です．実際，モデル正確性と信頼性は，AI システムの能力につながる基本的な品質特性です．

最後に，この FEAS で考える品質特性は，先の HLEG のガイドラインとは違って，網羅性を意図していません．機械学習に特徴的な性質いくつかを拾い上げて，トラストモデルとの関係を論じた研究といえるでしょう．

ユーザートラスト

機械学習システムの特徴として，学習とともに振舞いを変化する動的な柔軟さという点に注目し，トラストを考察します[14)]．システムは，初期開発終了後，運用過程での学習によって機能振舞いを変化させます．このような予測不能さを持つシステムは複雑であり，その全体像を明示的に把握・規定することが困難です．適切な抽象化の方法が求められます．

そこで，複雑さを低減すること (Complexity-reducing) を目的に，トラストを導入します．つまり，ユーザーとシステムとの間にトラスト関係が生じれば，予測不能性がもたらすリスク（不確かさ）を低減できます．意図通りに振舞うと確信するという点で，SQuaRE 利用時の品質モデルの信用性（表2.2）に準じる考え方です．

定量的な測定の枠組み ユーザートラストは，機械学習システムごとに文脈依存性があるとします．ユーザー体験 (UX) として論じられてきた特性と機械学習システムが示す品質特性の2つに分割し，各々を定量的に計測する方法を提案します．前者の特性は，SQuaRE の製品品質モデルの使用性（表2.3）であって，利用時の品質モデルの効率性・有効性・満足性（表2.2）から測定します．

後者は，機械学習システムの特徴を反映した9つの品質を対象とし，各々が満たされているとユーザーが知覚する度合いによって計測します．9つの品質

---

14) Brian Stanton and Theodore Jensen: *Trust and Artificial Intelligence*, NIST-IR-8332, 2021.

は，天下り的に与えられたもので，各々に詳しい説明はありません．正解性 (Accuracy)・信頼性 (Reliability)・回復性 (Resiliency)・客観性 (Objectivity)・セキュリティ (Security)・説明性 (Explicability)・安全性 (Safety)・アカウンタビリティ (Accountability)・プライバシー (Privacy) です．以上は定量的な測定の方法を説明することを目的とした例示と考えた方がよいでしょう．

　個々のユーザーが，自身が感じる重要性に応じて，各々の品質特性に与えた重みから，トラストの度合いを定量的に計算する枠組みを提案しています．これらの品質特性は社会的な受容性からのトラストの議論に沿ったものですが，他品質特性の組合せであっても，適用可能な枠組みです．

トラスト工学との関係　自動化システムに対して，どのようなときにユーザーとの間にトラスト関係が生じるかを考察する研究[15)] は，ヒューマン・インタラクションや人間工学 (Ergonomics) で進められました．

　人と AI の協調の在り方を取り扱うトラスト工学 (Trust Engineering)[16)] という分野で，人と AI システムの双方向トラスト問題として研究されています．トラストの議論を行う視点として，セキュリティ・適応性・アセスメント・コミュニケーション・説明性・学習・知識といった観点が整理されています．上記で紹介した NIST レポート[14)] のテーマは，ユーザーから AI システムへの単方向のトラスト関係であり，その点が，トラスト工学との違いです．

ABI モデル再考

　ここで，先に示した信頼される AI の品質特性（表 4.1）をもとにして，新技術の社会受容とシステムの利用という目的から，ABI モデルに基づくトラスト関係（図 1.2）との関係を整理します．ユーザーが知覚する ABI と信頼される AI の品質特性の対応です．

　システムの能力 (Ability) は，期待する機能振舞いを示すかで判断できます．機能振舞いは要求に依存するので，SQuaRE 製品品質モデルの機能適合性と同じ考え方で，一般的な品質特性に対応しません．信頼される AI が示す特徴の中では，モデル正確性・モデルロバスト性・信頼性が機械学習の基本的な能力です．利用時の品質に関わる安全性・サイバーセキュリティ・回復性も，ユーザー

---

15) John D. Lee and Katrina A. See: Trust in Automation: Designing for Appropriate Reliance, *Human Factors* 46 (1), pp.50-80, 2004.
16) Neta Ezer et al.: Trust Engineering for Human-AI Teams, In *Proc. The Human Factors and Ergonomics Society 2019 Annual Meeting*, pp.322-326, 2019.

が能力を知覚する理由になり得ます.

　システムの善良さ (Benevolence) は,ユーザーが不利益を被るような機能振舞いを示さないことで,直接的にはフェイク情報を生じないことです.信頼される AI が示す特徴の中では,公平性・プライバシー・適合性を満たすとき,ユーザーは善良さを知覚します.

　システムの誠実さ (Integrity) は,ユーザーが継続的にシステムを利用することと関連します.安定動作が基本ですから,ロバスト AI の品質特性が関わります.また,機械学習システムは,運用開始後の適応保守によって提供機能を変化する可能性があります.この変化をユーザーが受け入れるか否かは,SQuaRE 製品品質モデルの使用性に関わります.加えて,ユーザーが誠実さを知覚するには,開発ならびに運用に関わるステークホルダーとの関係が基本となり,アカウンタビリティが必須の特性です.

　ユーザーとのトラスト関係は,信頼される AI システムに加えて,ステークホルダーも客体になります (図 1.2).また,運用者とのトラスト関係は,初期トラストになくてもよいかもしれません.トラストの連鎖の中で生じる[12] と考えることもできます.

4.2.3　安全さとセキュアさ

　ロバスト AI の主要な 2 つの品質特性,安全性とサイバーセキュリティについて,機械学習に特有な側面をみていきます.

情報セキュリティからの整理

　セキュリティには 2 つの側面があります (2.1.3 項).1970 年代から研究開発が進められてきた情報セキュリティと,1990 年代以降 NIS によって顕在化したサイバーセキュリティです.また,機械学習の技術は,スパムフィルターや異常検知といったセキュリティ機能の実現方法になります.これらに脆弱性があると,期待するセキュリティゴールを達成できないので,機械学習のどのような脆弱性が問題となりえるかが検討されました.

機械学習と脆弱さ　従来,脆弱性への対応は「構築からのセキュアさ (Secure by Construction)」を達成することで,信頼性を保証することが良いアプローチとされていました.一方,機械学習に関わる脆弱性は,訓練学習の基本的な方法から生じます.敵対的な攻撃に対する技術として敵対機械学習 (Adversarial Machine Learning)[17] の研究が進められました.

　ここで脆弱性を 2 つの観点から整理します. ひとつは機械学習コンポーネント開発・運用のどの時点で攻撃が生じるかで, 訓練学習段階と予測推論段階に分けられます. もうひとつは, 機械学習の主要な成果物 (学習データ, 訓練済み学習モデルなど) の何が攻撃対象になるかです. そして, CIA にプライバシーを加えた 4 つの観点 (CIA + P) から検討されました. 機密性 (Confidentiality) とプライバシー (Privacy) は訓練データおよび訓練済み学習モデルに関わり, 完全性 (Integrity) と可用性 (Availability) は予測推論の出力に関わります. 以下, 期待性質が満たされない状況を整理します.

期待性質の破れ　機密性の破れは, 訓練済み学習モデル・訓練データ・実行時入力データが漏洩することです. 訓練時であれば特定の入力データにのみ反応するように訓練データに仕掛けを施すバックドア攻撃 (Backdoor Attack), 予測時であれば入力データに対する予測結果ラベルから訓練済み学習モデルを推定するモデル窃取 (Model Theft) や特定の学習データを訓練時に用いたかを調べる帰属関係推定攻撃 (Membership Inference Attack), あるいはモデル逆転攻撃 (Model Inversion Attack) があります.

　プライバシーの破れは, 機密性の破れの特別な場合に相当し, 漏洩した情報がデータ主体に関わる要保護情報の場合です. 倫理的な AI の重要な側面なので, 後に (4.3 節) 詳しく説明します.

　完全性の破れは, 予測推論結果を壊すことで, 訓練時の攻撃であれば訓練データセットに不適切なデータを混入する毒化攻撃 (Poisoning Attack), 予測時の攻撃であれば敵対データの入力による誤予測の誘発などがあります. なお, 敵対データは, 機械学習の本質的な側面に関わると考えられ, モデルロバスト性 (3.2.1 項) として議論されるようになっています.

　可用性の破れは, 予測推論の実行時性能を劣化させること, 予測結果を参照不能 (Denial of Access) にすることなどです. 機械学習コンポーネント単独で定義しにくい問題で, 機械学習システム全体で考えます.

学習データの脆弱さ　機械学習では学習データが脆弱性の原因になることがあります. 毒化攻撃でなくても, 原データが根拠のない情報あるいは悪意によって発信されたフェイク情報かもしれません. また, センサーやデータ伝送路の間欠故

---

17) Elham Tabassi, Kevin J. Burns, Michael Hadjimichael, Andres D. Molina-Markham, and Julian T. Sexton: A Taxonomy and Terminology of Adversarial Machine Learning, Draft NISTIR 8269, October 2019.

障によって実体と異なる値が生じるかもしれません.

　さらに，データの加工過程で悪意によって汚染データが混入する可能性もあ
ります．学習データの真正性 (Authenticity) を含む信憑性 (Credibility) の確認
が必要です．この確認では，学習データのライフサイクルを通して，データ完
全性 (Data Integrity) の観点からデータへの信用度 (Trust) を，データの来歴
(Provenance) から調べます[18]．学習データの品質特性（3.4.1 項）のいくつか
が，ここで考察したセキュリティと関わるといえます.

ENISA サイバーセキュリティ

　従来，安全性とサイバーセキュリティは独立に検討されてきました．一方，
「安全な」と「セキュア」は，英語ではともに Secure です．安全性とサイバー
セキュリティを，システムのロバスト性に対する脅威の違いとし，統一的に論じ
ることができます[8]．

ENISA レポートの背景　EU の ENISA (European Union Agency for Cyber-
security) は機械学習技術を利用したソフトウェアシステムを対象にサイバーセ
キュリティの問題を扱う組織です．本レポートは幅広い対象を扱い，GDPR の
セキュアさ全般を扱います．GDPR 第 5 条は，安全さとセキュリティの両方を
満たすロバストなシステム提供を前提として，データ保護取扱い原則を規定して
います（2.2.3 項）．これは，本書で技術的なロバスト性と呼ぶ性質で，意図しな
い脅威に起因する安全性と意図的な脅威を扱うサイバーセキュリティを 1 つの
枠組みで論じるアプローチです．

基本的な考え方　ENISA のサイバーセキュリティの基本的な方針は，ISO27005
の「情報セキュリティのリスク管理」にしたがい，「脅威はアセットの脆弱さを
濫用し組織体にとって危害を生じる」という観点から，脅威とアセットの関係
を分析することです．防御の対象は，システムの内部で管理しているアセットで
す．外部からの意図的な脅威に対して，期待する情報アクセスを保証し，情報漏
洩を防ぐ対策を講じることが目的です.

　まず機械学習ソフトウェアのライフサイクルを想定し，機械学習特有のアセッ
トと脅威に注目します．一方で，従来のように，防御の方法としてのセキュリテ
ィではなく，システムの安全さを高める機能，技術的なロバスト性と捉えます.

---

18) Chenyun Dai, Dan Lin, Elisa Bertino, and Murat Kantarcioglu: An Approach to
　　Evaluate Data Trustworthiness Based on Data Provenance, In *Proc. Workshop on
　　Secure Data Management*, pp.82-98, 2008.

そして，開発の当初から，また，運用に際して，さまざまな技術上ならびに組織上の方策によって，期待される安全さ（セキュアさ）を達成します．

　通常，サイバーセキュリティでは，攻撃あるいは意図的な脅威を想定しますが，ENISA サイバーセキュリティでは偶発的な故障などの意図しない脅威も対象で，機械学習ソフトウェアシステムの暴走を防止し，期待される性質が壊されないことをゴールとします．このレポートでは，信頼される AI という包括的な表現を用い，具体的な品質特性に展開していません．本書の用語では，ロバストAI 以外の品質特性（表 4.1）が壊されないことと考えればよさそうです．

脅威　AI 脅威全体像 (AI Threads Landscape, AITL) は，既存文献調査から，8つのカテゴリ，合計 74 の脅威をリストアップし，整理したものです．8 つのカテゴリは，悪意・濫用 (Nefarious activity/abuse, NAA)，盗聴・傍受・乗っ取り (Eavesdropping/Interception/Hijacking, EIH)，物理的な攻撃 (Physical attacks, PA)，意図しない損傷 (Unintentional Damage, UD)，不具合・誤動作 (Failures or malfunctions, FM)，停止 (Outages, OUT)，災害 (Disaster, DIS)，法的 (Legal, LEG) です．この中で，意図的な脅威は，NAA, EIH, PA の 3 つです．また，LEG は法に基づくアクション，つまり，法令遵守からシステムに生じる変更のことです．たとえば，運用開始後に明らかになった何らかの法令違反に対応する状況でしょうか．脅威を幅広く捉えていることがわかります．

アセット　アセットも幅広い対象を扱っており，6 つのカテゴリに分けて整理しています．データ，モデル，アクター・利害関係者，プロセス，環境・ツール，人工物 (Artifacts) です．データとモデルに機械学習の特徴が見られ，さまざまな整備段階の学習データや訓練済み学習モデルの導出に関わる成果物を指します．人工物は開発過程で得られる設計仕様やテストケースを含みます．一方，アクター・利害関係者は関係者ですし，プロセスは AI システムのライフサイクルの各ステージを指し，また，環境・ツールはシステム運用を支えるコンピューティング基盤です．このように，ソフトウェア工学で，通常はアセットと呼ばない対象物も含みます．

　アセットを幅広く考えることで，GDPR が対象とするパーソナルデータ保護を，同じ枠組みで論じています．プライバシーは，システム外部に存在するデータ主体（自然人）に紐付くデータの保護の問題です．ENISA サイバーセキュリティは，アクターを保護対象のアセットとします．このアクターはシステムの利害関係者を指し，特別な場合として，データ主体を含みます．外部のデータ主体をアセットとすることで，パーソナルデータ保護を，システム内部の情報漏洩を

扱うセキュリティと同じ枠組みで論じます．このようにアセットを定義したのは，GDPR 第 5 条の考え方の延長上に，ENISA サイバーセキュリティを導入したことが理由と考えられます．

4.2.4　バイアスと公平性

社会的な公平さ

　公平性 (Fairness) は，AI 倫理ガイドライン[6] の 4 原則のひとつ，ならびに 7 つの要件の「多様さと差別のなさと公平さ」にあるように，倫理的な AI が重視する観点のひとつです．たとえば，プロファイリングやソーシャルスコアリングは，人々の生活権に関わる意志決定への脅威となり得ます（1.1.2 項）．公平性は，差別がないこと，バイアスがないことを保証します．

善良さ　基本的人権の議論から出発し，実社会が多様な属性で定義される集団の集まりであるという点に着目します．公平性は，機微属性で特徴付けられる個人あるいは特定集団に何らかの偏った結果・差別的な結果をもたらさないことです．機微属性としては職業・性別・人種・宗教が挙げられ，多様性・包摂性と関わる情報です．

　また，何を差別的な結果と考えるかは，システムの開発目的や提供する機能に依存します．大きく分けると 2 つの立場があり，実世界を忠実になぞる WYSIWYG (what you see is what you get) と，積極的差別是正措置 (Affirmative Actions) を施す WAE(we are all equal) です．どちらにするかは要求仕様を左右する高位ポリシーとして決定することですが，影響を被る当事者に善良なことが基本です．

アルゴリズミックな公平性　アルゴリズミックな公平性 (Algorithmic Fairness)[19] は，何が公平なのかが明らかなことを前提とし，期待される公平性を達成しているかに関わります．たとえば，男女の違いが大学院合格率に影響すると公平性に反しますが，最適な治療法の選択では性別を考慮するほうが良いでしょう．品質特性としての公平性の議論は，区別がないことではなく，公平さへの想定外の脅威 (Unintentional Threats) を低減することです．

　公平性は，さまざまなバイアスの影響を受けます．基本的な原因は，学習データに好ましくないバイアスが含まれていることです．ところが，事前にバイアス

---

19) Hannah Fry: Ch.1, *HELLO WORLD: How to be Human in the Age of the Machine*, Black Swan 2019.

を除去する系統的な方法はありません．期待に反する結果，意図しない偏りのある結果を生じるか否かを事後検査によって経験的に確認します．

シンプソン逆転

　分析データの選び方によって公平性の問題が生じる例を紹介します．このシンプソン逆転 (Simpson Reversal) は，統計学の分野で知られていた問題で，交絡因子 (Confounder) を考慮するか否かで分析結果が異なる現象です．

見かけの相関　具体例として，1973 年秋学期 UC バークレイ大学院合格者の実データを分析した報告があります[20]．全研究科の合格者数を比べると，男性と女性で合格率に偏りがありました．合格者数の男女比が受験者数のそれと同じ程度かを調べたところ，合格男性の比率が高く，性差別が原因ではないかと話題になりました．

　ところが，詳しく調べると，大学院全体を一括して分析する場合と研究科ごとに分析する場合で，結果が異なるばかりか，研究科ごとの分析では女性が若干有利な場合もあることがわかりました．分析の仕方によって分析結果が逆転したのです．

　シンプソン逆転は，因果関係から生じる見かけの相関[21]と関連しています．この問題の因果グラフ[22]を示しました（図 4.1）．実データを調べると，そもそも研究科ごとに受験生の男女比が異なるという関係があり，また，研究科によって合格難易度が違うことがわかりました．これら 2 つの違いに起因する因果関係によって，性別の違いが合格率に影響するという見かけの相関 (Spurious Correlation) が生じたのです．つまり，研究科は交絡因子であり，本来は，その値の条件下での分析が必要だったということです．

因果関係と学習データ　一般に，予測推論性能を向上させようとするとき，膨大な数の学習データを収集します．一挙に集めることが難しいときは，少しずつ増やしていくことになるでしょう．このような状況を次のようにモデル化します．S_i を，i 番目に得た学習データとします．問題を簡単化して，S_i には重なりがないとすると，学習データの全体は S_i の和集合です．

　先の UC バークレイの例では，研究科ごとに収集したデータから S_i を構成す

20) Peter J. Bickel, Eugene A. Hammel, and J.W. O' Connell: Sex Bias in Graduate Admissions: Data from Berkeley, *Science* 187, pp.398-404, 1975.
21) 東京大学教養学部統計学教室（編）：第 3 章，統計学入門，東京大学出版会 1991.
22) Judea Pearl, Madelyn Glymour, and Nicholas P. Jewell: *Causal Inference in Statistics: A Primer*, John Wesley & Sons 2016.

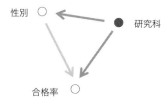

図 4.1　見かけの相関

ると，大学院全体は S_i の和集合です．素朴な考え方では，学習データ数を多く
すると予測推論性能が向上するはずです．ところが，$\bigcup S_i$ を訓練データセット
に選ぶと誤った結果を導きました．単純に学習データを統合するのではなく，因
果関係の有無を事前に調べておかなければならないのです．

　余談ですが，シンプソン逆転は，因果関係が関わり，データの統計的な特徴で
はありません．統計的な性質が同じデータの集まり（標本）が全く異なる外形
（グラフの形）を示すという例[23)]が知られています．統計的な性質が同じであり
ながら，シンプソン逆転を示したり示さなかったりする例があるということで
す．

因果モデルと公平性検査　UC バークレイの大学院入学試験の因果グラフ（図
4.1）は，実績データから得ました．この因果グラフを調べることで，シンプソ
ン逆転の現象が生じていることを事後確認し，そして，目的に合うように分析対
象データを見直しました．

　一般に，不適切なバイアスを生じるかは，公平性検査 (Fairness Testing)[24)] で
確認します．具体的なデータを入力した経験的な検査ですから，適切な評価用
データを整備する必要があります．バイアスの問題を含むか否かの確認に適した
テストデータ生成が重要です．

　従来のソフトウェアテスティングでは，機能仕様を満たすデータを用いた検査
だけではなく，想定外の入力に対する振舞いを確認する際に，ファジングなどの
方法でランダム生成されたデータを用います[25)]．ところが，ファジングでは検
査に有用でないデータが生成されることが多く，効率よく検査することができま

23）Justin Matejka and George Fitzmaurice, Same Stats: Different Graphs: Generat-
　　ing Datasets with Varied Appearance and Identical Statistics through Simulated
　　Annealing, In *Proc. CHI*, pp.1290-1294, 2017.
24）Sainyam Galhotra, Yuriy Brun, and Alexandra Meliou: Fairness Testing: Testing
　　Software for Discrimination, In *Proc. ESEC/FSE 2017*, pp.498-510.
25）中島震：第 3 章，ソフトウェア工学から学ぶ機械学習の品質問題，丸善出版 2020.

せん．そこで，要求仕様をもとにしたテストケース設計が重要です．

　公平性は要求仕様で決まる問題で，バイアスはデータモデリングを通して考察できます．そこで，因果グラフあるいは因果モデル (Causal Model) を作成し，データの因果関係を分析することで，公平性検査に有用なテストデータを求めればよいでしょう．公平性の問題は，社会的な正義と関係します．適切な因果モデルの構築には，社会科学の観点からの考察や影響を受ける当事者をまじえた検討が不可欠です[26]．バイアスに対する超域的なアプローチが必要です．

バイアスの取扱い

　公平性の問題は，出力結果が偏りを伴うかです．このようなバイアスが生じる理由は多岐にわたります．素朴には，学習データ分布の偏りが，バイアスのある出力を導きます．ところが，シンプソン逆転の例では，属性間の因果関係によって見かけの相関が生じました．また，自然言語処理の分野（3.3.3 項）では，学習データとして用いたコーパスが含む社会的なステレオタイプに起因する偏見（バイアス）が原因になります[27]．

バイアスの分類　バイアスの種類は多数あり，3 つに分類されています[28]．全体に関わるバイアス (Systemic Bias) は，社会や組織の多数派が歴史的な経緯で持つに至ったバイアスです．また，ユニバーサルデザインの原則に従わないシステムは，障害者のアクセシビリティ低下を招き，多様性に反するバイアスを生じます．これらは社会科学的な難しさのある問題です．

　統計的あるいは計算的なバイアス (Statistical/computational Bias) は，機械学習の基本方式に関わります．学習データがバイアスを含む場合だけでなく，表面的に差別的な偏りがない学習データを用いても，訓練学習過程で複数の特徴量間の機微相関 (Sensitive Correlations) が存在し偏向した代理属性 (Proxy) を生じ，差別的な結果を導くことがあります．なお，学習データのバイアスは，学習データ構築の作業（3.1.2 項）やシンプソン逆転の現象と関係しますが，学習データの母分布を知ることができないので，データ分布に偏りがないことをあらかじめ確認することは難しいです．

---

26) Matt J. Kusner and Joshua R. Loftus, The Long Road to Fairer Algorithms: *Nature* vol.578, pp.34-37, 2020.

27) Moin Nadeem, Anna Bethke, and Siva Reddy: StereoSet: Measuring Stereotypical Bias in Pretrained Language Models. arXiv:2004.09456, 2020

28) Reva Schwartz, Apostol Vassilev, Kristen Greene, Lori Perine, and Andrew Burt: *Towards a Standard for Identifying and Managing Bias in Artificial Intelligence*, NIST SP 1270, March 2022.

　人的要因によるバイアス (Human Bias) は，人の認知バイアスあるいは知覚バイアスとして現れるもので，利用者が機械学習システムの出力結果に対して行う判断の中に生じるバイアスです．極端な場合は出力結果を鵜呑みにするかもしれません．意識されないことが多く，どのようにして機械学習システムを利用していくべきか，利用側の倫理観が関わる難しい問題です．

公平性の取扱い原則　バイアスは複雑で多様なことから，機械学習コンポーネント（AI アルゴリズム）の公平さを保証することは困難です．一方で，バイアスが適切に取り扱われたかを確認する工夫は可能です．データ公平性，デザイン公平性，結果の公平性，実現の公平性といった4つの原則から，開発対象の AI アルゴリズムがもたらす危うさを検討します[29]．

　データ公平性 (Data Fairness) は，統計的なバイアスに起因する問題が適切に取り扱われた学習データを訓練ならびに試験に用いることです．

　デザイン公平性 (Design Fairness) は，要求仕様の決定から，学習データの整備，機械学習コンポーネント構築および検査作業の中で，計算的なバイアスの問題が適切に取り扱われたかです．技術的な方法として，公平性向上機構あるいは公平性配慮機械学習として研究が進められています．個々の開発プロジェクトの事情に合わせて利用可能な範囲で，技術的な解決手段を選択します．

　結果の公平性 (Outcome Fairness) は，組織的なバイアスあるいは歴史的なバイアスと関連し，私たちにとって差別的とか不公平な影響を及ぼさないことです．具体的な評価の観点が，公平性タイプあるいは公平性メトリクスとして議論されています．

　実現の公平性 (Implementation Fairness) は，偏見を持たず，また，将来への責任をとることを訓練されたステークホルダーが運用を担うことです．公平性の問題が技術者自身の倫理観と関わることが理由です．倫理観への言及は難しい問題を含みます．この原則は英国で整理されたものなので，職業的な専門職としての公認技術者が持つべき特性として議論しています．

公平性メトリクス　公平性の基準をひとつに決めることは難しく，さまざまな定義が考えられます[30]．機微属性の値によって保護グループが決まるとき，直接の差別 (Direct Discrimination) は保護グループに意図的な取扱いをすることで，

29) David Leslie: *Understanding Artificial Intelligence Ethics and Safety*, The Alan Turing Institute 2019.
30) Sahil Verma and Julia Rubin: Fairness Definitions Explained, In *Proc. FairWave*, pp.1-7, 2018.

これは避けるべきことです．一方，中立と考えられるポリシー下でも保護グループが脅威を被ることがあります．この間接的な差別 (Indirect Discrimination) が公平性検査の対象になります．

公平性検査は，基本的にはモデル正確性の検査（3.2.1 項）で，2 つのグループ間での正解率に差が生じるか否かを調べることです．公平性メトリクス (Fairness Metrics) を正解となる確率の情報をもとに定義すれば，公平さの程度を定量的に定める基準になります．もう少し詳しく，予測が正解となったとき，実際に正解か (True Positive, TP)，実は不正解だったか (False Positive, FP) などの情報を使って公平性メトリクスを定義できます．以下，代表的なメトリクスを紹介します．

差別的効果 (Disparate Impact, DI) の法理による公平さは，2 つのグループともに正解と結論する確率が大きく，かつ，その確率の比が 1 に近いこと，たとえば，0.8 程度であることです．人口学的等価性 (Demographic Parity) による公平さは，2 つのグループの確率の差が小さいことです．機会均等 (Equal Opportunity) による公平さは，TP に着目し，2 つのグループの確率の差が小さいことですし，均等オッズ (Equalized Odds) による公平さは，FP と TP 各々について，2 つのグループの確率の差が小さいことです．

以上は，複数のグループを比較するグループ公平性 (Group Fairness) です．自覚による公平さ (Fairness through Awareness) は，個人に関わる公平性 (Individual Fairnes) を扱い，似た個人は同様な結果を得ることとします．応用によって，似ていることの尺度を個別に定義する必要があります．

公平性向上機構　公平性向上機構 (Fairness-enhancing Mechanism) は，公平性配慮機械学習 (Fairness-Aware Machine Learning, FAML) を中心に，3 つの観点から整理されています[31]．

事前処理 (Pre-process) は，公平性に影響を与える機微属性に配慮した上で，学習データを構成する属性（特徴量）やデータ分布を調整する技術です．学習データの加工によって公平性の問題に対応する方法ですが，実際にどの程度の効果を生じるかは事後検査で調べます．また，機微属性に着目した加工なので，プライバシーと関わります．

事後処理 (Post-process) は，機械学習コンポーネントの出力結果を，指定する公平性メトリクスが満たされるように修正することで，公平さを向上するもの

---

31) Dana Pessach and Erez Shmueli: Algorithmic Fairness, arXiv:2001.09784, 2020.

です．出力を変更すると，モデル正確性に影響を与えることが多いです．また，積極的差別是正措置を施す方法として使うこともできますが，人手による変更なので慎重な取扱いが必要です．たとえば，単語の分散表現（3.3.3 項）を用いるとき，事後処理によって，男性と女性の間のバイアスを緩和する (Debiasing) 方法が提案されています[32]．さらに，差別的な結果を導出しないように，訓練済み学習モデルを転移学習によって事後修正する方法もあります．

訓練学習処理 (In-process) は，機械学習の基本的な機構（3.1.1 項）の中に，指定した公平性メトリクスを満たす条件を追加する方法です．最適化の目的関数（式 (3.1)）に公平性メトリクスから得られる条件を追加する方法，あるいは，制約条件つき最適化問題とする方法などで，機械学習の基礎的な研究として興味深いテーマです．

なお，FAML によって公平性を高めるとモデル正確性の悪化を招くというトレードオフの関係が知られています．たとえば，公平性メトリクスとして DI を選んで正解率を調べると，FAML の方式によってモデル正確性への影響が異なり，どの方式を選択するかを一般的に決めることができません．また，訓練データの違い，選択した機微属性の違いによっても，影響の強さが異なります[33]．対象問題ごとに個別の経験的な検討が必要です．

4.3　データ主体の保護[*]

プライバシーは，信頼される AI の主要な品質観点です．公平性とともに倫理的な AI から要請され，機械学習技術の社会受容に不可欠です．

4.3.1　品質特性としてのプライバシー

一般には，プライバシーは幅広い内容を含みます（2.2 節）．品質特性としてのプライバシーは，データ主体に紐付けされたパーソナルデータ保護の問題で，

---

32) Tolga Bolukbasi, Kai-Wei Chang, James Zou, Venkatesh Saligrama, and Adam Kalai: Man is to Computer Programmer as Woman is to Homemaker? Debiasing Word Embeddings, arXiv:1607.06520, 2016.

33) Sorelle A. Friedler, Carlos Scheidegger, Suresh Venkatasubramanian, Sonam Choudhary, Evan P. Mamilton, and Derek Roth: A Comparative Study of Fairness-enhancing Interventions in Machine Leaning, arXiv:1802.04422, 2018.

＊）産業技術総合研究所「機械学習品質マネジメントガイドライン第 3 版」の第 9.2 節を拡充．

公平性やサイバーセキュリティと関係します.

機微情報の取扱い 公平性とプライバシーは,ともに,特定データ主体の機微情報（パーソナルデータ）の取扱いに関係します.何が差別的な状況で公平性に反するかの基準は,社会正義から決める高位ポリシーです（4.2.4 項）.開発対象ごとに問題の取扱いを決めて要求仕様に整理します.プライバシーは,データ主体の機微情報が漏洩するか否かという基準から考える問題で,GDPR などの法規制の対象になっています.

間接的な情報漏洩 情報セキュリティとプライバシーは,ともに,情報漏洩の問題を扱います.情報セキュリティは,システムが管理する情報が,与えられた権限にしたがって適切に保護されているかを論じ,特に,機密性は,システム内部データの直接的な情報漏洩 (Direct Information Leakage) の問題です.プライバシーは,正当な権限の下で情報システムを利用したとき,出力された情報からデータ主体に関する情報が漏れる問題,間接的な情報漏洩 (Indirect Information Leakage) に着目します.また,訓練済み学習モデルや学習パラメータを奪取するモデル窃取 (Model Theft) の攻撃では,漏洩した学習モデルがデータ保護の脅威につながることがあります.

情報漏洩を取り扱うという点で機密性と関連が深く,機械学習のプライバシーは情報セキュリティの問題[34]として論じられたことがありました（4.2.3 項）.ところが,脅威を受ける要保護データは,システム外部のデータ主体に紐付けされており,また,システム出力情報と別途入手可能な補助情報や背景知識を組み合わせた方法で推測される（4.3.2 項）ことがあります.

プライバシーに固有の技術課題があることから,セキュリティから独立した分野と考えられ,現在では,プライバシーは倫理的な AI が満たすべき品質特性で,機械学習の主要な研究課題のひとつとされています[35].

4.3.2 パーソナルデータの再特定

機械学習の開発成果物からパーソナルデータを再特定する技術,間接的な情報漏洩を引き起こす技術をみていきます.

---

34) Nicolas Papernot, Patrick McDaniel, Arunesh Sinha, and Michael P. Wellman: SoK: Security and Privacy in Machine Learning, In *Proc. IEEE EuroS&P*, pp. 399-414, 2018.
35) Miles Brundage, *et al.*: Toward Trustworthy AI Development: Mechanisms for Supporting Verifiable Claims, arXiv:2004.07213v2, 2020.

システムのライフサイクルと要保護情報

　機械学習コンポーネントの開発から運用までのライフサイクルならびに開発成果物（アセット）の利用方法を調べることで，パーソナルデータ保護の問題を整理します．データ主体の権利に関わる一般的な事項（2.2.3 項）をもとに，機械学習におけるパーソナルデータ再特定問題の特徴を整理します．

脅威が生じる切り口　機械学習コンポーネントは，原データの収集，学習データセットの整備，訓練学習の実施，訓練済み学習モデルを組み込んだシステム構築，設置ならびに運用といった過程を経ます（図 3.1）．原データがデータ主体に紐付くパーソナルデータを含む場合，データ主体への脅威が生じます．また，データ主体がパーソナルデータを提供するとき，提供データに関する同意の取り決めが適切だったとします．この取り決めを疎かにすると，データを提供されたステークホルダーに，法的あるいはビジネス上の脅威が生じます．

1. 学習データ加工・構築者は，収集した原データの集まりから学習データセットを構築します．原データを参照するので，学習データ加工・構築者が脅威となり得ます．

2. 機械学習コンポーネント開発者は，学習データを入力として訓練学習を行って訓練済み学習モデルを導出します．学習データが適切に保護加工されていない場合，学習データから原データを参照することが可能になり，機械学習コンポーネント開発者が脅威となり得ます．

3. 機械学習システム開発者は，訓練済み学習モデルを組み込んだ機械学習システムを構築します．訓練済み学習モデルが十分な保護加工データでない場合，訓練済み学習モデルから訓練データ，さらには原データの間接的な特定が可能になり，機械学習システム開発者が脅威となり得ます．

4. システム運用者は，最終成果物の機械学習システムを設置・運用します．運用時入力データがデータ主体のパーソナルデータを含むとき，入力データのログ収集などを通して，システム運用者が脅威となり得ます．また，システムの設置場所が特定データ主体の行動推測を可能にし，機微情報と間接的に関わるとき，システム運用者が脅威となり得ます．たとえば，ある場所に設置された顔認識システムが特定のデータ主体を認識したことが，当該データ主体の行動履歴漏洩につながります．

再利用時のデータ主体への脅威　学習データセットや訓練済み学習モデル自身が成果物として，新たな機械学習コンポーネント開発に提供されます（図 3.2）．

再利用の際に，データ主体への脅威が生じます．

　第1に，再利用によって，データ主体との同意条件が破られる可能性があります．たとえば，GDPRにしたがっている場合，目的外の利用・データの最小化・保存期間の限定に注意を払う必要があります（2.2.3項）．第2に，学習データセットが適切に保護加工されていない場合（2.2.4項），学習データから原データを特定でき，再利用の開発者が脅威となり得ます．第3に，訓練済み学習モデルが十分な保護加工データでない場合，訓練済み学習モデルから訓練データさらには原データを間接的に特定でき，再利用の開発者が脅威となり得ます．

　学習データセットの保護加工は，学習データ加工・構築者が行う作業です．場合によっては，適切な保護加工の技術を用いることが可能かもしれません．一方，訓練済み学習モデルは，訓練学習機構の実行によって自動的に得られます．この訓練学習過程が十分な保護加工を実現しているのだろうか，という機械学習特有の新しい問題が生じます．

訓練データの再特定

　機械学習システムでパーソナルデータが漏洩する理由は，訓練済み学習モデルから訓練データの再特定が可能だからです．標準的な訓練学習の方法を用いて訓練済み学習モデルを導出する過程では，特定可能性を十分に除去できません．訓練済み学習モデルは十分な保護加工を達成できておらず，訓練データ再特定の脅威に対して保護加工レベル2（表2.1）に相当します．訓練済み学習モデルが，訓練データ個々の正解タグ情報を「記憶」(Memorization) することが理由です[36][37]．

訓練データの記憶　今，データ x と正解タグ t からなるデータ点 $\langle x, t \rangle$ を考えます．このデータ点を含む訓練データセットを S，このデータ点を除去した訓練データセットを S' $(S' = S \setminus \{\langle x, t \rangle\})$ とします．次に，S と S' の各々から訓練済み学習モデル M および M' を導出します．そして，着目している訓練データ x を入力したときの正解タグ t の予測確率を比較します．$M(x)$ の結果が確からしい一方，$M'(x)$ が不確かなとき，M が訓練データ x の正解タグ t を記憶する

36) Chiyuan Zhang, Samy Bengio, Moritz Hardt, Benjamin Recht, and Oriol Vinyals: Understanding Deep Learning Requires Rethinking Generalization, arXiv:1611.03530v2, 2017.
37) Nicolas Carlini, Chang Liu, Ulfar Erlingsson, Jernej Kos, and Dawn Song: The Secret Sharer: Evaluating and Testing Unintended Memorization in Neural Networks, arXiv:1802.08232v3, 2019.

といいます.

このような想定外の記憶 (Unintentional Memorization) は, 汎化性能に劣る訓練学習機構を用いた場合だけでなく, 訓練データセットのデータ分布にも依存します[38]. 「分離境界への影響が大きなデータ点」や「疎な空間に位置する孤立したデータ点」は再特定されやすいです.

記憶の問題は, 経験的な方法から得られた知見ですが, 理論的な研究[39]でも確認されています. 外れ値やランダムに設定した正解タグのデータ点を用いると汎化性能が向上することが理論的に確認されました. 汎化性能に優れた訓練済み学習モデルは, $M(x)$ の結果が確からしいことから, 帰属関係推定の脅威を受けます. 直感的には, 標準的な訓練学習の方法で得た訓練済み学習モデルは, 訓練データ再特定の脅威を避けられないことを意味します. データ保護加工の方法からみると, 訓練済み学習モデルの特定性除去は保護加工レベル 2 程度です.

訓練データ推測問題

訓練データ再特定に関して, 帰属関係推定, 属性推定およびモデル逆転, プロパティ推測などが具体的な問題として知られています[40]. いずれも, 訓練済み学習モデル (保護加工レベル 2) に対する再特定の方法ですが, これらの結果が確率の値として表されることから, 推測 (Inference) と呼ぶ習慣があります. また, 訓練データ推測方法の知見を応用することで, データ保護影響評価支援ツールの開発が進められています[41][42].

帰属関係推定　帰属関係推定 (Membership Inference) は, 特定のデータが訓練に用いられたかを調べることで, 訓練済み学習モデルから訓練データを再特定す

38) Yunhui Long, Vincent Bindschaedler, Lei Wang, Diyue Bu, Xiaofeng Wang, Haixu Tang, Carl A. Gunter, and Kai Chen: Understanding Membership Inferences on Well-Generalized Learning Models, arXiv:1802.04489, 2018.

39) Vitaly Feldman: Does Learning Require Memorization? A Short Tale about a Long Tail, arXiv:1906.05271v4, 2021.

40) Fatemehsadat Mireshghallah, Mohammadkazem Taram, Praneeth Vepakomma, Abhishek Singh, Ramesh Raskar, and Hadi Esmaeilzadeh: Privacy in Deep Learning: A Survey, arXiv:2004.12254v5, 2020.

41) Sasi Kumar Murakonda and Reza Shokri: ML Privacy Meter: Aiding Regulatory Compliance by Quantifying the Privacy Risks of Machine Learning, arXiv:2007.09339, 2020.

42) Yugeng Liu, Rui Wen, Xinlei He, Ahmed Salem, Zhikun Zhang, Michael Backes, Emiliano De Cristofaro, Mario Fritz, and Yang Zhang: ML-Doctor: Holistic Risk Assessment of Inference Attacks Against Machine Learning Models, In *Proc. 31st USENIX Security Symposium* 2022

る問題の基本です[43)44)45)]. 帰属関係が知られるだけで，データ主体への脅威と
なる理由は，簡単な例からわかります．たとえば，債務不履行者のリストから訓
練データを構築し訓練済み学習モデルを得たとしましょう．帰属関係推測によっ
て特定データが訓練で使用されていたことがわかると，このデータに紐付くデー
タ主体が債務不履行とわかります．訓練データが債務不履行者リストであるとい
う背景知識を用いることでプライバシー情報が間接的に漏洩します．

属性推測とモデル逆転　属性推測 (Attribute Inference) は，訓練データが表す
機微情報を公開情報から推測することです[46)47)]. また，モデル逆転 (Model In-
version) は，予測推論結果から訓練データを推測し，訓練データセットを構成す
るデータを再現することです[48)]. ダイレクトマーケティングのマイクロターゲ
ティングなどで，データ主体が提供したデータを目的外利用する悪用の例が知ら
れています．

プロパティ推測　プロパティ推測 (Property Inference) は，対象の訓練済み学習
モデルのそもそもの目的にない情報や予測推論の結果として想定されていなかっ
た情報を取得することで，訓練データの大域的なプロパティを推測します[49)50)].

　大域的なプロパティ (Global Properties) は，訓練データセットの特徴で，パー
ソナルデータへの脅威とは限りません．たとえば，原データが，ある条件下で特
定の装置機器によって取得されたのかです．このプロパティ推測に成功すると，

43) Reza Shokri, Marco Stronati, Congzheng Song, and Vitaly Shmatikov: Membership Inference Attacks Against Machine Learning Models, arXiv:1610.05820v2, 2017.
44) Samuel Yeom, Irene Giacomelli, Matt Fredrikson, and Somesh Jha: Privacy Risk in Machine Learning: Analyzing the Connection to Overfitting, In *Proc. CSF*, and also arXiv:1709.01604v5, 2018.
45) Ahmed Salem, Yang Zhang, Mathias Humbert, Pascal Berrang, Mario Fritz, and Michael Backes: ML-Leaks: Model and Data Independent Membership Inference Attacks and Defenses on Machine Learning Models, arXiv:1806.01246, 2018.
46) Milad Nasr, Reza Shokri, and Amir Houmansadr: Comprehensive Privacy Analysis of Deep Learning: Passive and Active White-box Inference Attacks against Centralized and Federated Learning, arXiv:1812.00910v2, 2020.
47) Congzheg Song and Vitaly Shmatikov: Overlearning Reveals Sensitive Attributes, In *Proc. ICLR 2020*, and also arXiv:1905.11742v3, 2020.
48) Matt Fredrikson, Somesh Jha, and Thomas Ristenpart: Model Inversion Attacks that Exploit Confidence Information and Basic Countermeasures. In *Proc. 22nd ACM CCS*, pp. 1322-1333, 2015.
49) Giuseppe Ateniese, Luigi V. Mancini, Angelo Spognardi, Antonio Villani, Domenico Vitali, and Giovanni Felici: Hacking Smart Machines with Smarter Ones: How to Extract Meaningful Data from Machine Learning Classifiers, *International Journal of Security and Networks* 10(3), pp.137-150, 2015.
50) Karan Ganju, Qi Wang, Wei Yang, Carl A. Gunter, and Nikita Borisov: Property Inference Attacks on Fully Connected Neural Networks using Permutation Invariant Representations, In *Proc. 25th ACM CCS*, pp. 619-633, 2018.

開発に関わる機密情報，いわゆる営業秘密 (Trade Secrets) の漏洩につながります．また，大域的なプロパティとして，ある属性に着目したときに訓練データ数に偏りがあるかを調べます．この訓練データセットは，バイアスの問題を含み，差別的な結果が生じるかもしれません．プロパティ推測によって，機械学習モデルの予測出力結果が公平性の問題を抱えていることを推測できます．不適切な学習データを用いたことがわかり，開発者あるいは取扱者の倫理観が欠如していると判断されるかもしれません．

訓練データ記憶への対策　訓練データ推測の脅威を緩和するには，訓練済み学習モデルが正解タグを記憶しないように，訓練データセットのデータ分布を調整します．たとえば，まず外れ値を検知し，システムの要求に合わせて，外れ値の除去あるいは外れ値近傍の訓練データ追加によってデータ分布を操作する方法などです．外れ値の検知には，万能の方法はなく，対象問題に依存した経験的な方法を用いることになります[51]．

訓練済み学習モデル M の出力結果を加工するセーフガードの方法も提案されています．訓練データ推測の基本は，M が出力する予測確率の情報利用で．ここで，具体的な問題として，C 個のカテゴリーへの分類学習タスクを考えます．入力データ x に対する出力結果を C 次元ベクトル P^x とするとき，その成分 c ($P^x[c]$) はカテゴリー c に分類される確率を表します．最大値を表す成分 c^* が教師タグに一致すると予測分類が正しいとします．

訓練データ推測は，この C 次元ベクトルの情報を利用するので，セーフガードとして，M の出力を加工し情報を減らします．具体的には，予測確率が最大となった成分 c^*（予測した分類ラベル）のみにする，予測確率がトップ 1 の組 ($\langle c^*, P^x[c^*]\rangle$) にする，トップ 2 までに制限する，あるいは，C 次元ベクトル P^x を出力するものの確率値の数値精度を粗くする方法などです[45]．出力値の加工は訓練済み学習モデルの外部インタフェース情報の変更になるので，このようなセーフガードの導入が妥当かは，別途，検討が必要です．

4.3.3　プライバシー保護機械学習

機械学習への差分プライバシーの応用技術を中心に紹介します．

51）Charu C. Aggarawal: *Outlier Analysis (2nd ed.)*, Springer 2017.

差分プライバシーの応用

プライバシー保護学習あるいはプライバシー維持機械学習 (Privacy-Preserving Machine Learning) は，訓練学習機構に差分プライバシーの方法を組み込むことで，訓練データを再特定から保護可能な訓練済み学習モデルを導出する方法です[52]．保護対象の単位によって，訓練データ全体の保護と特定データ主体の保護に分けられます[53]．

訓練データ全体の保護　深層ニューラルネットワークの訓練学習は，勾配法あるいは確率勾配法 (SGD) を使い，繰り返しによって適切な学習パラメータ値を探索する方法で実現されます（3.1.1 項）．この SGD と (ϵ, δ)-差分プライバシーを組み合わせた DP-SGD は，数値探索過程で学習パラメータ値を更新する際に，与えられた保護強度 ϵ から決まるノイズを付加する方法です[52]．DP-SGD で求めた学習パラメータ（あるいは訓練済み学習モデル）は，繰り返し処理による合成結果の強度で保護されるので，訓練データ推測の脅威を減らせます．

直感的には，式 (3.3) の重みパラメータ更新時にガウス分布の擾乱を追加するものです．このとき，隣接する訓練データ D と D' に対する感度 S の見積もりに工夫します．D の変化が重みパラメータの更新値に，どのように影響するかが不明なので，1 回の更新での変化（更新値）に上限を設定します．重みパラメータの更新値が探索過程で変化することを考慮して，$\nabla\mathcal{E}/\|\nabla\mathcal{E}\|_2$ とすればよいですが，収束近傍で更新値が小さくなり安定しません．定数 C を導入して次式のようにします．

$$W^{[K+1]} = W^{[K]} - \eta \times \left(\frac{\nabla\mathcal{E}}{\max(C, \|\nabla\mathcal{E}\|_2)} + Noise \right) \tag{4.1}$$

感度 $S \leq 1$ になり，$Noise$ はガウス機構による擾乱です．DP-SGD は，ミニバッチを採用し，$C = 4$ 程度に選ぶことが多いです．

もうひとつの問題は，期待する保護強度 ϵ とガウス分布の分散 σ^2 の関係です．差分プライバシーの理論は最悪値を見積もる方法なので，K 回の繰り返しに素朴な合成定理を用いると，見積もりが悪化します．そこで，より精度の高い見積もり方法として，モーメントアカウンタント (Moment Accountants, MA)

52) Martin Abadi, Andy Chu, Ian Goodfellow, H Nrendan McMahan, Ilya Mironov, Kunal Talwar, and Li Zhang: Deep Learning with Differential Privacy, In *Proc. 23rd ACM CCS*, pp.308-318, 2016.

53) H. Brendan McMahan, Galen Andrew, Ulfar Erlingsson, Steve Chien, Ilya Mironov, Nocolas Papernot, and Peter Kairouz: A General Approach to Adding Differential Privacy to Iterative Training Procedures, arXiv:1812.06210v2, 2019.

が導入されました．また，合成時の見積もりについて，他にも改良方法が提案されています（2.2.5 項）．

データ主体ごとの保護 DP-SGD は，パーソナルデータを含むデータセットを入力して，差分プライバシーで保護された訓練済み学習モデルを得る方法です．開発者にデータ主体情報の取扱いを認める状況での議論でした．次に，データ主体が自身の情報を直接提供しない方法，保護加工を施した情報を開発者に提供する方法を考えます．

基本は分散学習の方法です．クライアント・サーバー方式の分散コンピューティングを深層ニューラルネットワークの訓練学習に応用する連合学習 (Federated Learning) があります．大規模な訓練データセットを複数に区分けしたとします．各々のデータセットを入力とする訓練学習をクライアント側で実行し，中間的な訓練結果を集めてサーバーで集約します．このクライアント・サーバー連携処理を繰り返して，最終的な訓練済み学習モデルを得る方法です[54]．

プライバシー保護学習に応用する場合，データ主体に関わる訓練データごとにクライアントを準備し，DP-SGD などの差分プライバシーによる保護学習の方法を採用します[55]．クライアント側で，データ主体に紐付けされたパーソナルデータの処理を行うので，外部（サーバー）にデータ主体の情報が漏れ出ることを防げます．

トレードオフの関係

プライバシー保護学習の方法は (ϵ, δ)-差分プライバシーの応用です．保護強度は ϵ の値に依存するので，プライバシー保護学習の方法を用いたからといって，適切な保護レベルを達成できるとは限りません．また，保護強度を高める（ϵ 値を小さくする）と予測性能が悪化し，モデル正確性が低下します．保護の強さと有用性はトレードオフの関係にあります．

訓練データセットに偏りがあって，分類カテゴリーごとの予測の確からしさにバラつきが生じるとき，同じ訓練データに DP-SGD の方法を用いると，このバラつきが増幅されることが経験的に知られています[56]．つまり，プライバシー

---

54) Peter Kairouz, M. Brendan McMahan et al.: Advances and Open Problems in Federated Learning, arXiv:1912.04977v3, 2021.

55) Reza Shokri and Vitaly Schmatikov: Privacy-Preserving Deep Learning, In *Proc. CCS*, pp.1310-1321, 2015.

56) Eugene Bangdasaryan and Vitaly Shmatikov: Differential Privacy Has Disparate Impact on Model Accuracy, arXiv:1905.12101v2, 2019.

保護の観点から DP-SGD を用いると，グループ公平性に悪い影響が生じます．また，公平性配慮学習の方法（4.2.4 項）で導出した訓練学習モデルが，不利なグループ (Unprivileged Subgroup) の訓練データに対して帰属関係推測の脅威を高めるという報告もあります[57]．公平性とプライバシーは倫理的な AI の 2 つの品質観点ですが，現状の技術での両立は容易ではありません．

　プライバシー保護学習の方法は，理論上，データ保護を保証できますが，実用上，期待通りの効果が得られるわけではありません．既知の訓練データ推測の脅威に対して，有効なデータ保護が達成されているかを調べた実験結果が報告されています[58]．この実験では，MA 法を含む既存の差分プライバシー理論に基づいてプライバシー保護の最悪値を見積もる方法を用いる限り，妥当な保護強度の ϵ 値で，既知の訓練データ推測からの防御が困難なことがわかりました．このようなトレードオフ関係は，差分プライバシーを応用した訓練学習の方法に共通する事項です．連合学習を用いる場合も，同じ限界を伴うことに注意して下さい．

　なお，機械学習の学習データは多次元かつスパースで複雑さが増すことから，K-匿名性による保護が難しいことが知られています[59]．プライバシー保護学習の研究では差分プライバシーを応用する方法が主流になっていますが，現実には，さまざまな工夫を積み重ねることが必要です．

プライバシー保護合成データ

　データ主体の情報を含むマイクロデータから同等な情報を持つ保護データを合成すると，以降，プライバシーの問題を気にする必要がありません．差分プライバシーで保護したデータの合成方法への関心が高まりました．

　プライバシー維持合成データ (Privacy-Preserving Synthetic Data) は，入力の学習データセットから，差分プライバシー保護データを合成する方法です[60]．GAN や VAE などの方法で，入力データセットから生成モデルを学習し，そのデータ分布にしたがう新しいデータを合成します[61]．基本的なアイデアは，生

57) Hongyan Chang and Reza Shokri: On the Privacy Risks of Algorithmic Fairness, arXiv:2011.03731, 2021.
58) Bargav Jayaraman and David Evans: Evaluating Differentially Private Machine Learning in Practice, In *Proc. 28th USENIX Security Symposium*, and also arXiv:1902.08874v4, 2019.
59) Charu C. Aggarwal: On k-Anonymity and the Curse of Dimensionality, In *Proc. 31st VLDB*, pp.901–909, 2005.
60) Liyang Xie, Kaixiang Lin, Shu Wang, Fei Wang, and Jiayu Zhou: Differentially Private Generative Adversarial Network, arXiv:1802.06739, 2018.
61) Lucas Rosenblatt, Xiaoyan Liu, Samira Pouyanfar, Eduardo de Leon, Anuj Desai,

成モデルの学習過程でプライバシー保護学習の方法を用いることです．たとえば，VAE や GAN の学習機構に DP-SGD[52] を用います．

　この方法は訓練学習に DP-SGD を用いるので，通常の生成モデルに比べると，訓練データ分布の再現性が悪くなると予想できます[62]．医療診断データを対象とした事例では，プライバシー保護生成データを訓練データに用いた場合でも，予測分類性能の劣化が許容範囲に収まることがわかりました[63]．画像の特徴を考慮した経験的な工夫の成果です．

　一方で，得られた生成モデルが，訓練データを想定外に記憶することがわかっています[64]．GAN を構成する識別ネットが訓練データを記憶することが理由です．そこで，保護データセットを得た後は，生成モデルを廃棄すべきかもしれません．また，プライバシー維持合成データの方法で差分プライバシー保護データセットを得た後，元の訓練データセットを破棄し，保護されたデータセットを継続管理すれば，たとえば，GDPR の規制の対象外になります．

　最後に，OECD レポートや AI-ACT によると，今後，重要な応用領域ごとに標準データセットを整備し公開することが増えます．プライバシー保護合成データは，学習データセットを広く公開する有用な方法ですが，モデル正確性や公平性に悪い影響を与えます[62]．今後の研究が必要です．

and Joshua Allen: Differentially Private Synthetic Data: Applied Evaluations and Enhancements, arXiv:2011.05537, 2020

62) Victoria Cheng, Vinith M. Suriyakumar, Natalie Dullerud, Shalmali Joshi, and Marzyeh Ghassemi: Can You Fake It Until You Make It?: Impacts of Differentially Private Synthetic Data on Downstream Classification Fairness, In *Proc. FAccT '21*, pp.149-160, 2021.

63) Brett K. Beaulieu-Jones, Zhiwei S. Wu, Chris Williams, Ran Lee, Sanjeev P. Bhavnani, James B. Byrd, and Casey S. Greene: Privacy-Preserving Generative Deep Neural Networks Support Clinical Data Sharing, *Circ Cardiovasc Qual Outomes*, 2019.

64) Jamie Hayes, Luca Melis, George Danezis, and Emiliano De Cristofaro: LOGAN: Membership Inference Attacks Against Generative Model, arXiv:1705.07663, 2018.

第5章 AIエコシステム

技術的な方法と適切な規制やビジネスリスク低減の施策を組み合わせて，AIリスクマネジメントにアプローチします．

5.1 技術コミュニティ

AIや機械学習は未知な部分が大きい分野です．期待される社会実装を進めるにあたって，技術コミュニティが果たす役割に期待が集まっています．

5.1.1 信頼される AI エコシステム

北米の大学・研究機関・企業・NPO中心のワークショップから，信頼されるAIエコシステム (Trustworthy AI Ecosystem) という考え方が生まれました[1]．

オープンなコミュニティ

機械学習の技術が社会に受け入れられるには，AIシステムとユーザーや政府などの間にトラスト関係が生まれることが必要です．本書ではトラスト関係の基礎になる品質観点（表4.1）を考えてきました．では，品質が期待レベルに達しているかは，どのように確認すればよいでしょうか．技術コミュニティが一体となって，品質観点を具体化した検証可能な表明を整理し，表明検査方法の確立を目指します．

UNIX 文化　技術コミュニティのニュアンスを理解するには，オペレーティングシステム UNIX 周辺の文化が参考になります．UCバークレイで BSD の開発が始まった 1970 年代半ば，大学・研究機関から多数の研究者・技術者が参加す

---

1) Miles Brundage et al.: Toward Trustworthy AI Development: Mechanisms for Supporting Verifiable Claims, arXiv:2004.07213, 2020.

る技術コミュニティが形成されました．最近では，Linux の広がりとともに，産業界・ビジネスを含む大きな活動になっています．

UNIX コミュニティの活躍が広く知られたのは，セキュリティ関連の事件がきっかけでした．1988 年 11 月に起きたモーリス・ワーム (Morris Worm) です．UNIX メールシステムの脆弱性を突いたコンピュータウイルスで，UNIX コミュニティが，原因の発見と修正に大きな力を発揮しました[2]．また，直ちに，DARPA の支援で CERT/CC が設立されました．インターネットが実用的に運用される時代になり，サイバーセキュリティが社会的にも重要な問題と認識されたのです．さらに，現在に至るまで，USENIX セキュリティのシンポジウムなどの場で，セキュリティ問題の研究開発・技術交流が続いています．

ボトムアップな活動　信頼される AI エコシステムは，AI システムに関わる技術活動を通して社会への責任を負う技術コミュニティです．英国の伝統的な公認技術者と異なり，自発的なボトムアップな集まりです．ところが，AI の場合，UNIX と違って，考えるべき品質特性が多岐にわたります．

UNIX ではセキュリティが中心的な関心事で，インターネットや UNIX という共通の技術基盤上で，脆弱性対策を具体的に考えました．本書では表 4.1 のように整理したものの，現在，信頼される AI システムが持つべき品質特性が何であるか，その品質特性を検査する具体的な方法が何なのかが明らかではありません．そこで，実際に生じた事故・不具合事例の収集，品質特性の整理，検証可能な表明ならびに具体的な検査技術の開発を進めることを提言します[1]．

事故・不具合事例の収集は，リスクフォーラムやディペンダブルシステム (2.1.2 項) と同じで，発生した障害情報の共有が目的です．この考え方は，IT システムだけではなく，社会的な影響の大きい分野に共通で，交通手段 (Transportation)・航空機 (Aviation) では公的な活動として実施されています．また，検証可能な表明を用いることで，将来は，AI システムの保証書や第三者認証[3]に展開できると期待されます．

エコシステムという見方

エコシステムという用語は，オープンイノベーション (Open Innovation) の

---

2) Hilarie Orman, The Morris Worm: A Fifteen-Year Perspective, *IEEE Security & Privacy*, pp.35-43, 2003.
3) Shin Nakajima: Quality Evaluation Assurance Levels for Deep Neural Networks Software, In *Proc. TAAI 2019*, pp.1-6, 2019.

分野で使われています．産業横断の協業・分業の企業全体からなるビジネスエコシステム (Business Ecosystem) のことでした[4]．その後，ビジネスエコシステムの対象が広がり，企業だけでなく，さまざまな属性を持つアクターに対して考察されました．ユーザー・政府機関・企業外のイノベータなどを対象とするマルチアクターネットワーク・エコシステム (Multi-actor Network Ecosystem) です．構成アクターは異なるポリシーを持つ一方，エコシステム全体が共通ゴールに向かって，統一的な振舞いを示すコヒーレントエコシステム (Coherent Ecosystem) です[5]．

　信頼される AI エコシステムは，大学・研究機関・企業・NPO からなる技術コミュニティ横断の活動を指します[1]．機械学習のエコシステムの特徴は，ユーザーの生涯価値に寄与する価値共創の枠組みです[6]．したがって，多様なステークホルダーが関わるマルチアクターネットワーク・エコシステムと考えられます．このとき，信頼される AI が，コヒーレント・エコシステムの統一的な振舞いを主導する一般原理になるといえます．

5.1.2　品質評価から監査へ

　信頼される AI の品質評価の技術動向を紹介します．

検証可能な表明

　品質評価の方法を具体的に論じるには，対象の品質特性を決める必要があります．検証可能な表明 (Verifiable Claims) では，安全性・セキュリティ・公平性・プライバシーの 4 つを例示し，組織機構・ソフトウェア機構・ハードウェア機構の 3 つの方向から実践する方法を論じます[1]．

3 つの観点　組織機構 (Institutional Mechanisms) は，開発に関わるステークホルダーが AI システムへの責任を負うことから導入されました．サイバーセキュリティの脆弱性評価を担うタイガーチームと似た考え方で，開発者から独立したチームによる検査の重要性を論じます．また，信頼される AI エコシステム全体

---

4) James F. Moore, Predators and Prey: A New Ecology of Competition, *Harvard Business Review* 71(3), pp.75-86, 1993.

5) Masaharu Tsujimoto, Yuya Kajikawa, Junichi Tomita, and Toichi Matsumoto: A review of the ecosystem concept - Towards coherent ecosystem design, *Technological Forecasting & Social Change* 136, pp.49-58, 2018.

6) 中島震：第 7 章，ソフトウェア工学から学ぶ機械学習の品質問題，丸善出版 2020.

として，発生した障害情報を組織横断的に共有すること，公平性やセキュリティ
に関わる不具合の発見・解決を促す施策を導入すること，第三者認証の仕組みを
構築することなどを提言しました．

　ソフトウェア機構とハードウェア機構は，検証可能な表明を実現する基本技術
の研究開発に関わります．信頼されるAIの品質検査項目の整理，リスク評価や
監査への応用を念頭に置いた解釈可能性技術の研究，プライバシー保護ツールの
研究開発と実用化，セキュアなコンピューティング基盤やコンピューティング能
力の評価技術などです．また，表明の確認検査を担う第三者機関の仕組みと，そ
の検査に必要なコンピューティング資源を公的な機関が提供することを提言して
います．以下では，どのような観点から，検証可能な表明を考えているかを説明
します．

いくつかの研究テーマ　検証可能な表明の「検証」という言葉は形式検証 (Formal Verification) のことではありません．反証可能 (Falsifiable) という意味で，
人手によるレビューを含みます．また，一般に，経験的な方法では網羅的な検査
は困難です．そこで，開発過程を監視し再現性 (Reproducibility) が成り立つか
を確認したり，運用過程を監視し作動状況に問題がないかを調べたりします．収
集した情報をもとに監査 (Audit) を実施します．

　検証可能な表明は，信頼されるAIの基本的な品質から，特に，解釈可能性
(Interpretrability) とプライバシーに着目します[1]．解釈可能性は，説明可能AI
に分類される品質特性ですが，監査を目的とする場合は，非技術的な観点に注目
します (4.2.1項)．また，プライバシーは，信頼されるAIの主な特徴といって
もよいでしょう．公平性 (4.2.4項) やプライバシー (4.3節) に関わる機械学
習の研究推進を提言します．

　ソフトウェア機構に関わる提言は，信頼されるAIの品質達成を目的とする新
しい視点からの機械学習研究です．現状の機械学習の技術では信頼されるAIの
実現は困難であり，組織機構からのアプローチの実践とコミュニティによる機
械学習の基礎的な研究推進に言及しています．後者には，過去の先進的な研究開
発[7]と同様に，NSFなどの公的な研究資金を期待しているようです．

アルゴリズミック監査

　監査の枠組みでは，理想的には，第三者機関による監査と公的に通用する保証

---

7) Mariana Mazzucato: *The Entrepreneurial State: Debunking Public vs. Private
Sector Myths*, Anthem 2013.

書の導入ですが，開発組織内での監査から始めることもできます．アルゴリズミック監査 (Algorithmic Auditing) の事例 SMACTR[8]を次に紹介します．

組織内監査　組織内監査 (Internal Audit) は，従来ソフトウェアの開発工程管理[9]に準じて，信頼される AI への要求を満たす開発管理の過程に着目します．AI システム開発では，概念実証 (Proof of Concept, PoC) を目的とする試作システムを，従来のラピッドプロトタイピングと同様な方法で試行錯誤的に開発します[10]．監査の目的は，この PoC 開発が，倫理的な AI の要請からみて，適切な方向に進んでいることを確認し，プロジェクト継続の可否を判断することです．技術面に拘泥すると，往々にして，倫理面が蔑ろにされるという観察に基づいて発案されました．

従来ソフトウェアであれば，開発目標はあらかじめ明らかです．開発工程の進展とともに，その達成状況を判断することができました．一方，機械学習の場合，信頼される AI の品質特性は，事後検査による確認が必要だったり，たとえば，モデル正確性・モデル公平性・プライバシーの間にトレードオフ関係があったりします．プライバシー強度を高めたり公平性への配慮を強めたりするとモデル正確性が低下します．また，基本的な性能を示すモデル正確性やモデルロバスト性は，評価用データによる検査を行い，その結果から，訓練データの改訂といった後戻りを繰り返します．モデル正確性の改善に気を取られると，倫理的な AI の品質特性が期待通りにならないかもしれません．

AI 倫理面の不具合は，事前に想定可能ではなく，PoC 開発の過程で評価を繰り返すことでわかります．組織内監査は，開発者視点からの品質管理を行うだけでは不十分で，第三者視点の判断を取り入れ，開発組織が担うべきアカウンタビリティの達成を目的とします．

SMACTR フレームワーク　SMACTR フレームワークは，開発側と監査側が協働して行う作業過程の枠組みです．ステークホルダーが期待する倫理的な AI の品質レベルを明らかにした上で，開発側は開発に必要な情報をドキュメント化し，監査側は倫理的な AI に関わる利用時の品質を調べます．SMACTR では，監査側ドキュメントとして，ユースケース・社会的な影響評価・故障モード影響

---

8) Inioluwa Deborah Raji, Andrew Smart, Rebecca N. White, Margaret Mitchel, Timnit Gebru, Ben Hutchinson, Jamila Smith-Loud, Daniel Theron, and Parker Barnes: Closing the AI Accountability Gap: Defining an End-to-End Framework for Internal Algorithmic Auditing, arXiv:2001.00973, 2020.
9) 中谷多哉子，中島震：第 3 章，ソフトウェア工学，放送大学教育振興会 2019.
10) 中島震：第 7 章，ソフトウェア工学から学ぶ機械学習の品質問題，丸善出版 2020.

解析 (FMEA)・倫理的な AI からのリスク分析を行います.

　開発側は,開発過程の中間成果物として,学習データに関するデータシート[11]ならびに学習モデルを整理したモデルカード[12] などを作成します.これらの情報は開発での再現性確認に使用されます.監査側は,検査工程で,設計側が作成したドキュメントのレビューを行うとともに,評価用データによる実行検査を実施し,脆弱性評価のタイガーチームと同様な役割を果たします.また,公平性検査や分布外データによるモデルロバスト性検査を含みます.これらの検査を行う際に,倫理的な AI に関わる標準的な検証可能な表明が成り立つかを確認すればよいでしょう.技術コミュニティの合意によって,このような検証可能な表明を整備していくことが大切になっています.

5.2　AI イノベーションへのリスク

　世界中で国家あるいは地域レベルの多元的な取組みが進んでいます.

5.2.1　保　護　と　規　制

　ステークホルダーが持つ価値観に応じた規制を導入する動きが,さまざまなレベルで見られます.

欧州の AI 規制法案

　欧州議会は,2021 年 4 月に欧州 AI 規制法案 (AI-ACT)[13] を提案しました.AI に関して罰則規定のある世界初の法律として注目されています.

概要と構成　AI-ACT は,解説・89 項目の前文・12 の権原 (Title) に分けられた 85 の条文・9 つの付則 (Annex) からなります.最初の解説メモ (Explanatory

11) Timnit Gebru, Jamie Morgenstern, Briana Vecchione, Jennifer W. Vaughan, Hanna Wallach, Hal Daumee III, and Kate Crawford: Datasheet for Datasets, arXiv:1803.09010v7, 2020.
12) Marget Mitchel, Simone Wu, Andrew Zaldivar, Parker Barnes, Lucy Vasserman, Ben Hutchison, Elena Spitzer, Inioluwa D. Raji, and Timnit Genru: Model Cards for Model Reporting, In *Proc. FAT,* pp.220-229, 2019.
13) European Commission: Proposal for a Regulation of The European Parliament and of the Council Laying Down Harmonised Rules on Artificial Intelligence (Artificial Intelligence ACT) and Amending Certain Union Legislative Acts, 2021.

Memorandum) は，AI-ACT の提案理由を説明します．欧州での AI 関係の議論 (4.1 節) を踏まえて，EU 基本人権憲章 (EU Charter of Fundamental Rights) をもとに基本的人権尊重からの要件を論じ，人間の安全さに脅威を与える可能性の高い AI を規制します．

　12 の権原は，おおまかに，法案が対象とする AI と取扱い（権原 1 から権原 4），ガバナンスの体制と仕組み（権原 5 から権原 8），その他（権原 9 から権原 12）に分けられます．欧州全体のガバナンスは，GDPR（2.2.3 項）に準じる考え方にたち，欧州委員会と欧州 AI 会議 (European Artificial Intelligence Board) 中心の体制を規定しています．

規制の対象　AI-ACT の対象は，機械学習ならびに演繹的な方法やロジックベースの AI に加えて，統計的な方法や最適化手法を活用したソフトウェアシステムを含みます（第 3 条，付則 1）．次に，AI システムを，人間の安全を脅かす度合いから，許容できないリスク (Unacceptable Risk)，ハイリスク (High Risk)，低いあるいは最小限のリスク (Low or Minimal Risk) に分類します．

　最初の許容できないリスクのカテゴリは，禁止される AI (Prohibited AI) です．個人あるいは社会的な弱者の心理・行動に影響を与えるシステム，ソーシャルスコアリングや公共の場でのリアルタイム遠隔生体認識システム（顔認識システム）を含みます．特に，顔認識システムは，法執行目的といえども，例外が認められた 3 つの場合以外で禁止されます（第 5 条）．

　ハイリスク AI (High Risk AI) は，AI-ACT が詳細に規定する対象です（権原 3）．対象となる AI 利用システムのリストを具体的に示し，他システムに組み込まれる場合とスタンドアローン AI があります（第 6 条）．提供機能やサービスによって規制対象を決めるのではなく，その使用目的から規制対象になるかを判断します．

　ハイリスク AI に分類されなくても，ユーザーの心理面への影響が懸念されるシステムは，AI を用いていることを明らかにする透明性 (Transparency) が求められます（第 52 条）．ユーザーと直接インタラクションする場合あるいは AI 技術を用いて画像や音声を合成する場合（ディープフェイク），AI を利用していることをユーザーに告知しなければなりません．

　ハイリスク AI 以外のシステムに対しても，ステークホルダーが，行動規範 (Codes of Conduct) として規定内容にしたがうことを期待します（第 69 条）．ビジネスの当事者としては，ハイリスク AI の規定内容を精査し，対応策を備えておく必要があるでしょう．

ハイリスク AI システム　ハイリスク AI に関わる権原 3 は全部で 5 章 46 条と関連する 6 つの付則からなり，AI-ACT の主要部分を占めます．対象の AI システムとして，現時点で，10 種類がリストに示されており（付則 3），生命・健康を脅かす重要な社会基盤，ロボットや医療機器組込みの安全コンポーネント，人間の安全への脅威（4.1.2 項）になりそうな 8 つの応用です．

　ハイリスク AI システムでは，開発から運用まで，ライフサイクル全般にわたって，規制にしたがう必要があります．特に，自動的な運用の危険性から，人による監視 (Human Oversight) を重要視します．また，第三者機関による適合性評価，スタンドアローン製品 EU データベースへの登録，第三者認証，適合性を示す CE マーク，上市後・運用中の監視体制などを規定しています．

技術的な要求事項　ハイリスク AI システムへの要求事項（第 8 条から第 15 条）は，技術内容に言及しています．まず，開発から運用までのライフサイクルを通したリスクマネジメント体制を整え，検査技術を中心に脅威を低減する施策を講じることを規定します（第 9 条）．次に，期待されるデータ品質を保証し，パーソナルデータについては，GDPR に準拠します（第 10 条）．また，上市前に，技術ドキュメント（付則 4）の完成を要請します（第 11 条）．

　ハイリスク AI システムに共通する要求項目は，技術的な内容に踏み込んでおり，システム設計に影響します．上市後監視を実現することから，実行時ログによって動作振舞いを記録しなければなりません（第 12 条）．また，ユーザーが実行結果を解釈し利用できるように実行の透明性を満たすこと，つまり，利用時に参照する情報の提供が必須です（第 13 条）．さらに，人間による監視を実現する適切なユーザーインタフェースが必要です（第 14 条）．最後に，ライフサイクルを通して，期待される品質を達成しなければなりません（第 15 条）．ここで着目する品質は，信頼される AI として整理されている品質特性（4.2 節）ですが，特に，モデル正確性・モデルロバスト性・回復性・サイバーセキュリティを考えています．

　技術ドキュメントの詳細は付則 4 に示されています．上記の要求項目が適切に作り込まれていることの証拠となり，また，適合性評価で使用される重要なものです．デザイン仕様・データの要件・テスト結果など，機械学習ソフトウェアに対して，技術的な情報を簡明に整理することが難しい項目も含まれます．

　GDPR に準拠する点については，概ね，GDPR の AI への応用が可能とされ

ています[14]．一方で，訓練データの再特定からみたパーソナルデータ保護への脅威という点で，機械学習に特有な技術課題があることも事実です（4.3.1項）．また，第13条の利用者に提供する情報はGDPRのデータ保護影響評価（DPIA）に使用するとされています（第29条）．しかし，技術的にDPIAが実施可能かは難しい問題を含むように思います．

提供者と利用者 AI-ACTは，提供者だけではなくユーザーの義務も明示しています（第16条から第29条）．提供者は，適合性評価・データベース登録・CEマーク表示などを適切に実施しなければなりません．また，品質マネジメント体制を有し，AI-ACTへの準拠，ソフトウェア開発で実施する品質マネジメント一般，ならびにデータ管理，リスクマネジメント（第9条），上市後の監視，および，是正処置などへの対応（第17条）が必要です．

運用時の振舞いを把握するには，ユーザーの協力が不可欠です（第29条）．ユーザーは，第13条に提示された利用方法にしたがうこと，特に，正当なデータを入力することが要請されます．また，実行監視を実施し，システムが自動生成したログを保存しなければなりません．一方，モデルロバスト性に関連する柔軟性（3.2.1項）からみると，第13条で規定する利用方法を，どのくらい技術的に正確に提示できるかは疑問です．何が正当なデータかを決めるのが難しいことが理由です．

公表後の議論 AI-ACT法案提出後のフィードバック期間に，欧州内外から，多数の意見が寄せられました．リスクマネジメントの考え方に同意する意見が多いようです．一方，欧州データ保護会議（EDPB）と欧州データ保護監督官（EDPS）が共同提出した意見[15]は，公共の場での遠隔生体認識システムの規制が弱いと論じました．また，いくつかの市民団体は，ハイリスクAIシステムの対象となるかが使用目的に対して決まることから，濫用される余地を残すとして，さらなる規制を求めました．

その後の状況を鑑みると，制定には数年かかるとみられています．特に，公共の場での顔認識システムは，テロ対策および防犯や犯罪捜査への応用が可能なことから，特別な用途での利用を許可すべきという立場と，基本的人権を優先して

---

14) European Parliament: The impact of the General Data Protection Regulation (GDPR) on artificial intelligence, European Parliament Research Service, June 2020.

15) EDPB-EDPS: Joint Opinion 5/2021 in the proposal for a Regulation of the European Parliament and of the Council laying down harmonized rules on artificial intelligence (Artificial Intelligence Act), 18 June 2021.

禁止すべきという立場があります．合意形成が難しく，法案の制定に時間がかかるようです．

　さて，GDPR は，法案提出（2012 年 1 月）から成立（2016 年 5 月）まで 4 年強かかりました．その後の欧州域内でのビジネスに影響しただけではなく，パーソナルデータ保護の法規制としての考え方が世界中に広がりを見せています．AI-ACT も，同じようなスケジュール感で進むとすると，2025 年くらいに成立でしょうか．さまざまな影響があるように思えます．

輸出規制

　AI を規制する法律は，AI-ACT だけではありません．新興技術として輸出規制対象に指定されて，国境をまたぐビジネス連携・サプライチェーンが制限されることがあります．政治的な決定が，規制強化の方向に動いたのは，2018 年の米国輸出管理改革法[16)17)]でした．中国企業を念頭においたものといわれました．

　米中の輸出規制はともに AI に言及しています．日本では，2022 年 5 月に成立した経済安全保障推進法の規制対象になる先端技術が AI を含みます．今後の推移によっては，AI イノベーションに大きな影響を与えるかもしれません．まさに，ENISA レポート[18)]が指摘した脅威 LEG です（4.2.3 項）．以下，米中の動きを簡単に紹介します．この公表された規制対象リストを眺めると，AI イノベーションが，国際政治の状況変化と無関係でないことが推察できます．

米国の輸出規制　2018 年，輸出管理改革法 (Export Control Reform Act, ECRA) が米国の安全保障にとって不可欠な技術，軍民両用品 (Dual Use Items) 規制の根拠となる連邦法として制定されました．輸出規制対象として取り上げられた 14 分野の新興技術 (Emerging Technologies) に，人工知能および機械学習技術が含まれました．深層ニューラルネットワークおよび画像認識や自然言語処理への応用技術を含みます．これに対して，産業界からは過度な輸出規制への反対意見，経済的損失への懸念が表明されました．

　2020 年 1 月に，CNN を利用した地理空間画像分析という技術項目を追加しました[19)]．自動運転車への応用で，CNN による路上物体認識に関連する 4 つの

---

16) ジェトロニューヨーク事務所：厳格化する米国の輸出管理法令，日本貿易振興機構調査報告レポート，2019.
17) ジェトロニューヨーク事務所：続・厳格化する米国の輸出管理法令 留意点と対策，日本貿易振興機構調査報告レポート，2021.
18) ENISA: AI Cybersecurity Challenges, December 2020.
19) Addition of Software Specially Designed To Automate the Analysis of Geospatial Imagery to the Export Control Classification Number 0Y521 Series, Federal Regis-

技術からなります．それまでは規制対象の技術分野を指定するものだったのが，極めて具体的な技術内容で，唐突さが際立ちます．何か，政治的な状況の変化があったように想像されます．

中国の輸出規制　中国では，2020 年 8 月に，2008 年の中国輸出禁止輸出制限技術リストを大幅に増訂し，禁止技術を追加しました[20)]．通信設備・コンピュータ・その他電子設備製造業（項目 11）の無人運転自動車，コンピュータサービス業（項目 15）の漢字・中国語処理に加えて，人工知能の対話型インタフェース技術・データ分析に基づく個人化された情報プッシュサービスなどを情報処理技術に追加しました．

無人運転車[21)]は米国の 2020 年 1 月の規制と同じ技術分野[19)]です．また，情報処理技術に明示された 2 つの具体的な技術は，2020 年夏に，米国でのビジネス継続の可否が話題になっていた TikTok と関係する技術です．

5.2.2　知　的　財　産

AI を含むソフトウェアの技術では，特許権や著作権，あるいは，これらを組合わせることで，技術開発者の権利を保護します．一方で，特許性の判断基準が不安定だと，権利取得に不確かさが生じ，AI イノベーションへのリスクとなります．

AI と特許

2016 年頃から，米中を中心に，AI 関連の特許出願件数が急激に増加しています[22)]．AI 関連特許は，ソフトウェア関連特許やビジネス特許との関係が深い一方で AI 技術固有の特徴があります．

国際特許分類　AI 関連特許と呼ばれる分野は，コンピュータが関わる幅広い技術を含みます．特許文献（特許内容を掲載した文献）に付される国際特許分類（International Patent Classification, IPC）では，G06N が AI コアです．たとえば，訓練学習の標準的な方法になっているドロップアウト（Dropout）[23)]，CNN

　　ter/Vol. 85, No. 3/Monday, January 6, 2020/Rules and Regulations.
20)　中国禁止出口限制出口技術目録：調整内容, 2020.
21)　中島震：第 5 章, ソフトウェア工学から学ぶ機械学習の品質問題, 丸善出版 2020.
22)　河野英仁：AI 技術・ソリューション権利化の勘所, パテント 72(8), pp.65-76, 2019.
23)　US 9,406,017 B2, System and Method for Addressing Overfitting in a Neural Network.

による画像認識の学習モデル AlexNet[24]，自然言語処理のトランスフォーマー
(Transformer)[25] などは G06N です．AI 技術を利用した応用技術も多数あり，
G06T（画像処理），G06F16（情報検索・推薦）などです．AI 関連特許の中心
は G06N ですが，これだけを見ていては，AI 技術の知的財産への広がりを見逃
してしまいます．

　近年，IoT (Internet of Things) と総称される分野が広がるとともに，ビジネ
ス関連特許 (G06Q) の出願が増加しています．狭い意味では IoT は計算機以外
の装置機器を対象とするネットワーク化組込みシステム (Networked Embedded
Systems) の技術を指しました．最近では，広義の IoT[26] と考えます．装置機器
から得られたデータを最適化の方法を利用して分析し，ビジネス上の課題を解決
するものです．このデータ分析・最適化はソフトウェア技術，機械学習の技術と
強く関係します．

　ビジネス関連特許は，2000 年頃のブーム後，出願件数が減少しましたが，In-
dustrie4.0 の構想が公表された 2013 年頃から，再び，増加傾向にあります．特
に，AI 関連特許出願が増加した 2016 年頃から，中国での出願が飛躍的に増え
ました．技術面からは，データ利活用領域の発明という点で，機械学習とビジネ
ス関連特許とが密接に関わると考えられます．AI 技術の知的財産への広がりは，
G06Q からもわかります．

ソフトウェア関連発明　AI 関連発明を考える上で基本となるのはソフトウェア
関連発明[27]です．日本の特許審査基準では，従来，主なクレームカテゴリは，
方法・装置・記録媒体・プログラムでした．2017 年 3 月の改定で「IoT 関連技
術の審査基準」が公開され，新たに，構造を有するデータ・データ構造・学習
済みモデルなどの請求項がプログラムに準じて保護対象とされました．その後，
2019 年 1 月に，AI 関連技術を追加した「特許・実用新案審査ハンドブック」が
公開されています[28]．

　発明は，自然法則を利用した技術的思想の創作で，産業上利用できるものに限

---

24) US 9,563,840 B2, System and Method for Parallelizing Convolutional Neural Net-
works.
25) US 10,452,978 B2, Attention-based Sequence Transduction Neural Networks.
26) Michael E. Porter and James E. Heppelmann: How Smart, Connected Products are
Transforming Competitions, *Harvard Business Reviews*, 92(11), pp.64-88, 2014.
27) 古谷栄男，松下正，真島宏明，鶴本祥文：知って得するソフトウェア特許・著作権（改訂 5
版），ASCII 2008.
28) 伊藤真明：AI 関連発明に関する近年の審査基準等の改訂について，*tokugikon* no.294,
pp.3-14, 2019.

られます．ソフトウェア技術による発明では，プログラムが計算機に対する動作指示を表し，計算機は自然法則を利用した技術で実現されることから，自然法則を間接的に利用するとされます．他方，ビジネスの取り決めなどは，産業での直接の利用と考えられないのですが，ソフトウェア技術を利用する場合，ビジネスモデル特許[29]になり得ます．

プログラムに準じるもの　「IoT 関連技術の審査基準」で追加されたクレームカテゴリに「プログラムに準じるもの」があります．プログラムが計算機に対する直接の指令である一方，プログラムでないものの計算機による処理を規定するという点で，プログラムに類似する性質を有するものです．たとえば，データ構造，構造を有するデータです．

　ソフトウェアの世界では「アルゴリズム＋データ構造＝プログラム」[30]ですから，プログラムが発明になるのであれば，データ構造も保護対象になるのは自然に思えます．ここでのアルゴリズムという言葉は，プログラムの処理方法というくらいの意味です．特許用語では，アルゴリズムは自然法則を利用してないとされていますが，方法であれば発明の対象です．

AI 関連発明

　AI 関連発明はソフトウェア関連特許の自然な延長上に位置づけられますが，AI 技術固有の特徴が発明の考え方に影響します．AI 関連発明は，AI 技術に基づくもので，AI アルゴリズム発明，AI 利用発明，AI 出力発明に分類されることが多いです[22]．

AI アルゴリズム発明　AI アルゴリズム発明は，学習モデルが対象です．訓練学習過程は最適化問題（式 (3.2)）を解くことですから，この機能を担う数値計算プログラムからすると，学習モデルは構造を有するデータです．予測推論の段階では，訓練済み学習モデルは，入力に対して予測結果を出力する具体的な手順を表し，計算機上で実行可能なプログラムです．このとき，学習モデルは，プログラムそのものではなく，ある種の抽象化した処理手順と考えることができます．実際，AlexNet やトランスフォーマーの発明からわかるように，学習モデルには，技術的なアイデア（技術的な思想）が詰まっています．

AI 利用発明　AI 利用発明は，訓練済み学習モデルあるいは機械学習コンポー

---

29) 来栖和則：我が国におけるソフトウェア関連発明の保護および実務上の留意点，パテント 62(2)，pp.2-17，2009．
30) Niklaus Wirth: *Algorithms + Data Structures = Programs*, Prentice-Hall 1976.

ネントを利用した新しいサービス機能が対象です．一般に，機械学習コンポーネントは単独で利用されることはなく，従来型ソフトウェアシステムの一部になります．システムが示す効果からみると，機械学習コンポーネントを用いるか否かは，実現方法の違いにすぎないかもしれません．ところが，従来の方法でプログラムを作成することが難しいからこそ，データから帰納的に機能振舞いを獲得する機械学習の技術を用いたのでした．

　そこで，発明の中で機械学習の技術が果たす役割を明らかにしなければなりません．まず，期待する効果を示すのに，たとえば正解率99％など，一定のモデル性能（モデル正確性・モデルロバスト性）の達成が発明の効果につながる場合，そのような訓練済み学習モデルを実際に作成できることを示す必要があるでしょう．また，訓練学習過程がブラックボックス化しているので，訓練データに埋め込まれた情報と得られた訓練済み学習モデルの機能の関係が明らかではありません．特定の特徴量を持つ学習データを用いる，というだけでは不十分と考えられます．

　発明の内容によって，学習モデル，学習データ（訓練データセット），訓練済み学習モデル，これら3つの要素を総合的に考える必要があり，審査判断が分かれる可能性が高いです．

AI出力発明　AI出力発明は，マテリアル・インフォマティックス (Materials Informatics) やケモ・インフォマティックス (Chemo-Informatics)[31] などで見られます．AIの出力として得られた化合物の機能と成分組成が成果物です．ところが，組成は単なる数値データであり，化合物を具体的に合成したわけではありません．現在の技術で合成できることを示す必要があります．

AIを対象とする発明　AIの技術も発明の対象です．信頼されるAIの品質特性から，例をいくつか紹介します．

　モデル正確性やモデルロバスト性の向上を目的とする正則化の方法は，訓練学習の仕組みに関わるソフトウェア関連発明としてまとめることができます．敵対性学習，公平性配慮機械学習，プライバシー維持機械学習といった訓練学習機構は，各々，敵対ロバスト性，公平性，プライバシーといった品質特性に着目した訓練学習の仕組みです．

　また，入力が敵対データであるかを検知する仕組み，ディープフェイクであるか否かを調べる方法，プライバシー保護に関連した帰属関係推測などでは，その

---

31) 山西芳裕：バイオインフォマティクスやケモインフォマティクスにおける機械学習，人工知能 30(2), pp. 224-229, 2015.

機能を機械学習の技術で実現するメタ分類器 (Meta Classifier) を用いることがあります．これらは，AI 利用発明です．

特許審査の動向　AI 関連発明の特許出願は世界的に増えています．技術が世界的に広がる一方で，特許制度は国ごとに異なり，AI 関連発明の特許審査の考え方が共通しているわけではありません．そこで，AI 関連発明の定義および特許審査，特に，発明該当性・進歩性・記載要件について，各国の状況調査が実施されました[32]．調査対象は，アメリカ・欧州 (EPO)・英国・ドイツ・中国・韓国です．以下，いくつかを紹介します．

　AI 関連発明を，審査基準などで明示しているのは韓国だけで，「発明の実施に機械学習基盤の人工知能技術を必要とする発明」とします．日本は，審査基準に AI 関連発明を定義した記載はありませんが，出願状況調査の報告で，AI コア発明と AI 適用発明という分類を採用しました．また，中国と韓国は，AI 関連発明の審査基準を示していますが，それ以外の国は，コンピュータ関連発明と同等の扱いです．

　この調査では，学習モデルや学習データに関連した進歩性の項目があります．個々の発明に即して判断されると思われますが，興味深い視点が示されています．最初は学習モデルに関連したもので，周知である機械学習モデルを利用する場合，進歩性が肯定されることは少ないようです．たとえば，極端な場合ですが，古典的な全結合ネットワークを用いるというだけでは，学習モデル（AI アルゴリズム）に進歩性は見られません．

　学習データに関係して，新たな教師データを追加して予測精度が顕著に向上した場合，進歩性の判断が難しいようです．予測精度向上との因果関係を示すことが難しいからでしょう．過学習でないことを明らかにしなければなりません．なお，進歩性が肯定される場合，具体的な教師データの開示が求められることが実際にあるとのことでした．

　また「訓練によりニューラルネットワークがどのように変化するかは，当業者が予測することができない事項」なので「化合物発明における判断に近くなる場合がある」という意見もあります．訓練学習過程を化合物の生成反応とする見方であれば，化学反応に作用する試薬，つまり，学習データの特徴量を示せばよいということになります．一方で，特徴量間の相関が期待する結果（予測性能）を導くかは，学習モデルとも関わります．この関係が明らかでないことが，機械学

---

32) 近年の判例等を踏まえた AI 関連発明の特許審査に関する調査研究報告書，日本国際知的財産保護協会，2022.

習によって，何か新しいことができそうと感じる面白さ，有用さです．発明の形に整理することが難しい理由でもあります．

最後になりますが，データ分布の効果については，あまり議論されていないようです．発明における学習データの役割を，どのように示せばよいかは，大変，興味深い課題と思います．

著作権

機械学習の開発成果物の権利は著作権で保護することもできます．著作権は著作物に関わる権利の総称で，著作物は思想（アイデア）を創作的に表現したものです．著作権は著作財産権と著作者人格権から構成されます．著作財産権は著作物利用というビジネス上の価値を保護する権利で，ここでの主題と関連します．細かくは，複製権，貸与権，翻訳・翻案権，二次的著作物の利用に関する原著作者の権利，公衆送信権を含みます．また，著作者人格権は著作者の名誉を守る権利で他人に譲渡することはできません．

ここで，特許権と著作権の違いを簡単に整理しておきます．特許権が技術的な思想（アイデア）に与えられるのに対して，著作権は著作物，つまり，「表現」に与えられます．同じアイデアでも，表現が異なれば著作権に抵触しません．また，特許権は発明の使用に関わる権利です．一方，著作権は著作物の利用に関わる権利で，他者による複製，翻訳，翻案を制限します．

ソフトウェアと著作権　著作物と考えられるソフトウェアはデータベースとプログラムで，デジタル表現を含みます．データベースは「データ（値）」の集まりですが，簡便な検索を目的とし，データを系統的に整理してインデックス付けされています．この整理の仕方に創作性があると考えられ，データベースは，その全体として百科事典と同様で，著作物とされます．

著作物としてのプログラムは，指令を組み合わせた表現であって，ひとつの結果を得ることができるもの，コンピュータ上で実行可能な単位モジュールということです．ソースプログラムだけでなく，バイナリコード（オブジェクトプログラム）も「プログラム」です．

プログラムに関わる著作財産権　翻案は，元の著作物のアイデアのまま表現を変えることで，小説の映画化が代表例です．プログラムの場合，元のプログラムを改版して新しいコンピュータ上で作動可能にすること（プログラム移植）は翻案で，著作権のコントロール下におかれます．この翻案はプログラムの改変であって二次的著作物の議論と関わります．

　二次的著作物とは，元の著作物に創作行為を加えて得た著作物です．一般には元の著作者から翻案権と同一性保持権の許諾を得る必要があります．ところが，たとえばソフトウェアシステムの継続運用では，ソースプログラムの改変・改版を伴うソフトウェア発展を避けられません．そこで，著作者人格権である同一性保持権の効力が緩和されます．著作権は二次的著作物にも及びます．

　次に，バイナリコードからデコンパイル (Decompile) によるソースプログラムのリバースを考えます．デバッグ目的の解析であれば著作権侵害にならないとされていますが，リバース結果の利用方法によっては，バイナリコードからのデコンパイルが「翻訳」と見なされて著作権の侵害になることがあります．

訓練済み学習モデルと著作権　訓練済み学習モデルを著作物とするには，思想（アイデア）・創作・表現，という3つの要件を満たす必要があり，創作性が問題となります．素朴に考えると，訓練済み学習モデルは，訓練学習プログラムが導出した表現です．従来ソフトウェアであれば，コンパイラが生成した実行可能なプログラム表現（バイナリコード）に対比できます．この立場では，著作者の顔（創作性）が見えないことから，著作物ではありません．

　一方，有用な訓練済み学習モデルを得るには，試行錯誤を含む複雑な作業工程を経ます．学習モデルの検討，ハイパーパラメータ値の決定など，発案力と経験によって蓄積したノウハウを要します．開発に関わる技術者の創意によって，得られる訓練済み学習モデルは大きく変わるので，著作者による創作という側面があります．このとき，訓練学習プログラムは，創作を支えるツールと考えられるでしょう．たとえば，アニメ制作では，昔はセル画を1枚1枚手描きしていたのに対して，最近ではCGツールを利用します．ツールを使っても創作性があります．

　現在，訓練済み学習モデルが著作物であるか否か，より詳細には，創作性があるか否かについて，専門家の間で意見が分かれています．創作性があるという立場[33]が，技術的な面からみて実情に合うと考えます．

　今，訓練済み学習モデルをプログラムと同様な著作物と考えましょう．このとき，転移学習の方法で得た派生モデルは，二次的著作物ですから，元ドメインでの著作者の権利が有効です．また，転移学習を行うには，翻案の許可が必要になります．転移学習は興味深い技術ですが，権利面から眺めると，多くの課題が残っていることがわかります．

---

33) 山田尚史：ディープラーニングと著作物，パテント 70(2), pp.20-29, 2017.

学習データセットと著作権　学習データセットはデータの集まりという点でデータベースと似ています．データベースは，個々のデータを系統的に整理し，検索に役立つインデックスを付した点に創作性があるとされました．学習データセットの場合，訓練学習が有用な結果を導くようにさまざまな加工を施します（3.1.2 項）．たとえば，正解タグ割当（アノテーション）に創作性を認めれば，学習データセットを著作物と考えることができるでしょう．

　データベースでは，格納している個々のデータが著作物の場合とそうでない場合の両方があり得ます．著作権法の改正 30 条では，既存の学習データセットを流用することは許可されていません[34]．これは，学習データセットを著作物としているとも解釈できます．グレーゾーンが残りますが，有用な学習データセット構築の創意工夫を考えると，著作物と考えたい気がします．

5.2.3　お わ り に

　本書は，深層ニューラルネットワークを用いた機械学習の技術を中心に，AI リスクのさまざまな観点をみてきました．ユーザー・社会・公共・政府など，AI の便益を享受するステークホルダーが，脅威を被る可能性があります．そこで，従来のソフトウェア中心情報システムと共通する IT リスクの観点ならびに人間の安全さを尊重する AI 倫理原則から導かれる要件などから，信頼される AI の品質特性を整理しました．期待する品質レベルを達成することで，AI による脅威を低減できるとします．

　AI イノベーションの担い手には，AI リスクの違った姿が見えます．信頼される AI には，遵法性が求められます．ところが，法規制の方向によっては，イノベーション推進を阻害する脅威と映るかもしれません．また，オープンイノベーションでは，技術者の正当な権利を守る法律上の仕組みも重要です．AI の特徴を適切に反映した知的財産制度の整備が不可欠です．

　利用側ならびに提供側の多様なステークホルダーが，AI ならびに AI リスクに対して共通の認識を持つことが大切で，AI エコシステムとして，いくつかの活動が進行中です．国際的な動きとしては，G7 を中心とする主要 15 ヶ国・地域が設立メンバーの GPAI (Global Partnershiip on AI) が 2020 年 6 月に設立され，2022 年 1 月時点で，25 ヶ国・地域が参加しています[35]．国内では，AI

---

34) 愛知靖之：AI 生成物・機械学習と著作権法，パテント 73(8)，pp.131-146, 2020.
35) https://gpai.ai/

原則実践のガバナンスおよび品質マネジメントガイドラインが公開されました[36)37)]．また，国際標準では，AI 分野を対象として，ISO/IEC JT1/SC42 の活動が活発化しています[38)]．

米国 NIST は，2021 年に，AI リスクマネジメントのフレームワーク (AI Risk Management Framework, AI-RMF) を整備する計画を発表しました[39)]．2022 年時点で，最初のドラフトレポートが公開されています[40)]．光と陰の両方の影響 (Positive and Adverse Impacts) を対象とし，法規制から独立した形 (Law- and Regulation-agnostic) で，AI コミュニティの同意をもとに (Consensus- driven) 検討していくとしています．AI 技術は発展中ですし，私たちの AI に対する理解も定まっているものではありません．AI を取り巻く状況に合わせて，AI リスクへのアプローチを考えていく必要があるでしょう．このような変化に対応することから，AI-RMF は，随時更新文書 (A Living Document) の方法を採用することとしています．また，2022 年 8 月のドラフト第 2 版[41)]が議論の対象として提示した信頼される AI の特性は，表 4.1 の品質特性に対応しています．本書で整理した内容が標準的な考え方と同じ方向にあることがわかります．

さらに，2022 年 10 月には，ホワイトハウスの科学技術政策局が「AI 権利章典（草案)」[42)]を公開しました．AI を社会実装する際のガイドラインとして，5 つの原則から AI 利用者の権利を論じています．安全で効果的なシステム (Safe- and Effective Systems)，アルゴリズムによる差別からの保護 (Algorithmic Dis- crimination Protections)，データプライバシー (Data Privacy)，通知と説明 (Notice and Explanation)，人間による代替・考慮・離脱 (Human Alternatives, Consideration, and Fallback) です．

欧州の AI 倫理ガイドライン（4.1.2 項）や AI-ACT と近い立場から一般市民の権利を考えるもので，最初の 3 つの原則は信頼される AI の品質として整理したロバスト AI や倫理的な AI と関連する原則です．その中で，「データプライバ

---

36) AI 原則の実践の在り方に関する検討会，AI 原則実践のためのガバナンス・ガイドライン Ver1.1, 経済産業省 2022.

37) 産業技術総合研究所，機械学習品質マネジメントガイドライン第 3 版，2022.

38) ISO/IEC JT1/SC42, https://www.iso.org/committee/6794475.html

39) National Institute of Standards and Technology (NIST): Artificial Intelligence Risk Management Framework, Request for Information, Federal Register 2021-16176, July 2021.

40) NIST: AI Risk Management Framework: Initial Draft, March 2022.

41) NIST: AI Risk Management Framework: Second Draft, August 2022.

42) Blueprint for an AI Bill of Rights-Making Automated Systems Work for The Amer- ican People-, The White House Office of Science and Technology Policy, October 2022.

シー」は，データ主体の権利（2.2.3 項）でみたように，パーソナルデータ提供の同意が重要です．AI 権利章典は，わかりやすい方法で同意を取り交わすことを述べる一方，GDPR のようなオプトインを前提としているわけではありません．実際，「カリフォルニア州消費者プライバシー法 (CCPA)」は，オプトアウトによる同意を採用しています[43]．なお，プライバシーの問題の基本となるのは，OECD が 1980 年に最初の版を公開した「プライバシー保護と個人データの国際流通についてのガイドライン (OECD Privacy)」[44]です．「収集制限」は 8 つある原則の最初に位置し，「データ主体への通知あるいは同意の上で収集する」と述べられています．つまり，GDPR も CCPA も，OECD Privacy に対応していることがわかります．4 つめの原則の「通知と説明」は，利用者が AI に基づく自動化システムが使われていることの「通知」を受け，自身に与える影響について知る権利です．これは AI システム利用の透明性 (Transparency) と関わり，他国で法規制導入の動きが見られる観点です．たとえば，欧州の AI-ACT や中国の「インターネット情報サービスの推奨アルゴリズム管理規則」[45]があります．また，5 つめの原則「人間による代替・考慮・離脱」は，利用者が必要に応じて自らの意志で，AI に基づく自動化システムの対象から「離脱（オプトアウト）」する権利を持つことです．以上の 2 つの原則は，知らないうちに，また，希望しないにも関わらず，AI に基づく自動化システムの対象にされることは正義に反するという立場からの議論です．

「AI 権利章典（草案）」は拘束力のない文書ですが，今後，NIST の AI-RMF とならんで，AI リスクマネジメントの議論の中で，中心的な役割を果たすと考えられます．

---

43) California Consumer Privacy Act of 2018 [1798.100-1798.199.100].

44) OECD: Recommendation of the Council concerning Guidelines Governing the Protection of Privacy and Transborder Flows of Personal Data, 2013.

45) Internet Information Service Algorithmic Recommendation Management Provisions, https://digichina.stanford.edu/work/.

参考図書

第 1 章

1. Hannah Fry, *Hello world*, Doubleday 2018. ［邦訳］森嶋マリ訳：アルゴリズムの時代, 文芸春秋 2021.

第 2 章

2. Peter G. Neumann, *Computer Related Risks*, Addison-Wesley 1994. ［邦訳］滝沢徹, 牧野祐子訳：あぶないコンピュータ, ピアソン・エデュケーション 1999.
3. 中島震, みわよしこ：ソフト・エッジ, 丸善ライブラリー 2013.
4. 高梨千賀子, 福本勲, 中島震（編著）：デジタル・プラットフォーム解体新書, 近代科学社 2019.
5. 中谷多哉子, 中島震：ソフトウェア工学, 放送大学教育振興会 2019.
6. 芦部信喜, 高橋和之（補訂）：憲法（第 7 版）, 岩波書店 2019.

第 3 章

7. 東京大学教養学部統計学教室（編）：統計学入門, 東京大学出版 1991.
8. 中川裕志：機械学習, 丸善出版 2015.
9. Christopher M. Bishop: *Pattern Recognition and Machine Learning*, Springer 2006. ［邦訳］元田浩, 樋口和之, 松本裕治, 村田昇監訳：パターン認識と機械学習 上/下, 丸善出版 2012.
10. Ian Goodfellow, Yoshua Bengio, and Aaron Courville, *Deep Learning*, The MIT Press 2016. オンライン版：https://www.deeplearningbook.org/. ［邦訳］岩澤有祐, 鈴木雅大, 中山浩太郎, 松尾豊監修：深層学習, KADOKAWA 2018.
11. 中島震：ソフトウェア工学から学ぶ機械学習の品質問題, 丸善出版 2020.

第 4 章

12. 中川裕志：裏側から視る AI, 近代科学社 2019.
13. Mark Coeckelbergh, *AI Ethics*, The MIT Press 2020. ［邦訳］直江清隆他訳：AI の倫理学, 丸善出版 2020.

第 5 章

14. 古谷栄男, 松下正, 真島宏明, 鶴本祥文：知って得するソフトウェア特許・著作権（改訂 5 版）, ASCII 2008.
15. 名和小太郎：著作権 2.0, NTT 出版 2010.
16. 小川紘一：オープン&クローズ戦略：日本企業再興の条件（増補改訂版）, 翔泳社 2015.
17. 渡辺知晴, 齊藤友紀, 大堀健太郎：機械学習エンジニアのための知財&契約ガイド, オーム社 2020.

索　引

著者略歴

中島　震（なかじま・しん）

情報・システム研究機構国立情報学研究所名誉教授．博士（学術）．
1979年東京大学理学部物理学科卒業．1981年東京大学大学院理学系研
究科修士課程修了．2004年国立情報学研究所教授，2021年名誉教授．
2018年より放送大学客員教授，2019年より産業技術総合研究所招聘研究
員．著書に『SPIN モデル検査』（近代科学社・2008年），『デジタル・
プラットフォーム解体新書』（編著・近代科学社・2019年），『ソフト
ウェア工学』（編著・放送大学教育振興会・2019年），『ソフトウェア工
学から学ぶ機械学習の品質問題』（丸善出版・2020年）など．

AI リスク・マネジメント
信頼できる機械学習ソフトウェアへの工学的方法論

令和 4 年 12 月 30 日　発　行

著作者　　中　島　　　　震

発行者　　池　田　和　博

発行所　　丸善出版株式会社

〒101-0051 東京都千代田区神田神保町二丁目 17 番
編集：電話 (03) 3512-3266／FAX (03) 3512-3272
営業：電話 (03) 3512-3256／FAX (03) 3512-3270
https://www.maruzen-publishing.co.jp

© NAKAJIMA Shin, 2022

組版印刷・大日本法令印刷株式会社／製本・株式会社 松岳社

ISBN 978-4-621-30780-9　C 3055　　　　Printed in Japan